福州市规划设计研究院集团有限公司
学术系列丛书

城园同构 蓝绿交织

——福州晋安公园的规划设计实践

王文奎 高屹 马奕芳 著

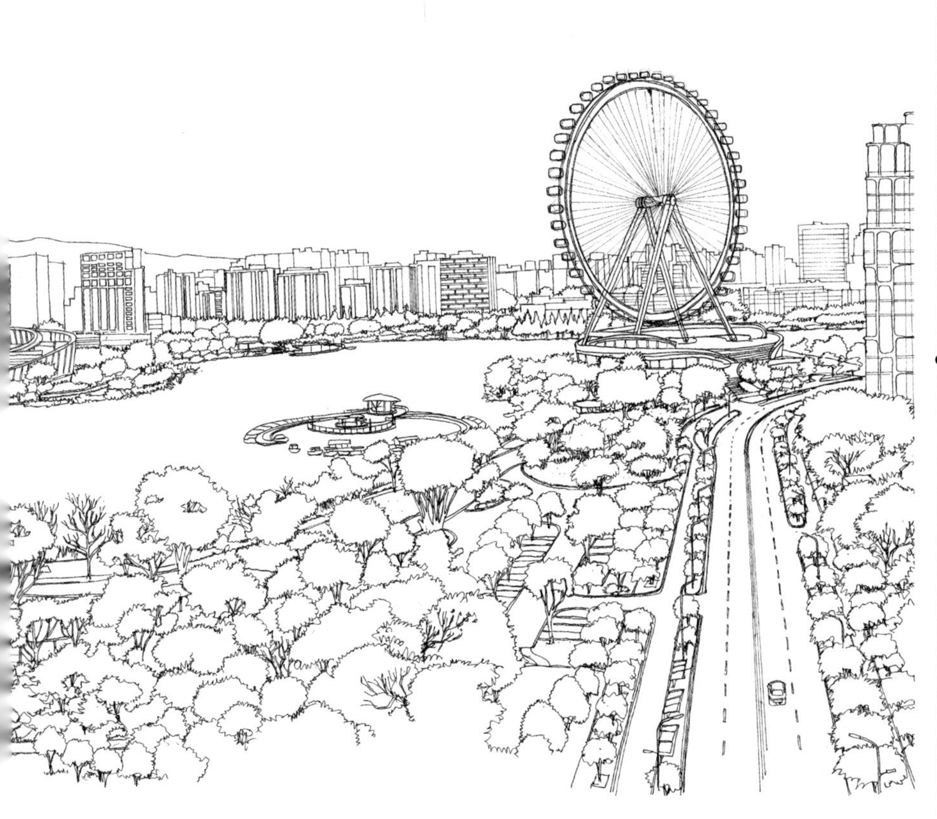

中国建筑工业出版社

图书在版编目（CIP）数据

城园同构　蓝绿交织：福州晋安公园的规划设计实践 / 王文奎，高屹，马奕芳著．—北京：中国建筑工业出版社，2024.5

（福州市规划设计研究院集团有限公司学术系列丛书）

ISBN 978-7-112-29814-3

Ⅰ．①城…　Ⅱ．①王…　②高…　③马…　Ⅲ．①城市公园—城市规划—福州　Ⅳ．①TU986.625.71

中国国家版本馆CIP数据核字（2024）第089396号

晋安公园是福州近十年来以公园绿地建设为契机，推动城市高质量发展的典型范例。她以"蓝绿交织"为基础，系统构建了具有韧性能力的近自然山水空间，适度修复了快速城市化中破碎化的生态网络；以"城园同构"为视角，统筹优化了城市片区的山水格局、功能布局、水系治理、慢行系统。她既传承了中国传统山水城市和风景园林的理法，又融合了当今城市建设中海绵城市、城市双修、韧性城市、公园城市、可持续发展城市等一系列新理念、新方法的探索。

本书全面解析了晋安公园从规划设计到建设的全过程，不仅可以作为城乡规划、风景园林、水利水环境等专业人员的参考书，也可以作为市民全面了解晋安公园、了解城市新发展的图书。

责任编辑：胡永旭　唐　旭　吴　绫　张　华
书籍设计：锋尚设计
责任校对：赵　力

福州市规划设计研究院集团有限公司学术系列丛书
城园同构　蓝绿交织——福州晋安公园的规划设计实践
王文奎　高屹　马奕芳　著

*

中国建筑工业出版社出版、发行（北京海淀三里河路9号）
各地新华书店、建筑书店经销
北京锋尚制版有限公司制版
北京富诚彩色印刷有限公司印刷

*

开本：889毫米×1194毫米　1/20　印张：12⅖　字数：309千字
2024年8月第一版　2024年8月第一次印刷
定价：**138.00**元
ISBN 978-7-112-29814-3
（42813）

《福州市规划设计研究院集团有限公司学术系列丛书》编委会

总序

福之青山，园入城；

福之碧水，流万家；

福之坊厝，承古韵；

福之路桥，通江海；

福之慢道，亲老幼；

福之新城，谋发展。

从快速城市化的规模扩张转变到以人民为中心、贴近生活的高质量建设、高品质生活、高颜值景观、高效率运转的新时代城市建设，是福州市十多年来持续不懈的工作。一手抓新城建设疏解老城，拓展城市与产业发展新空间；一手抓老城存量提升和城市更新高质量发展，福州正走出福城新路。

作为福州市委、市政府的城建决策智囊团和技术支撑，福州市规划设计研究院集团有限公司以福州城建为己任，贴身服务，多专业协同共进，以勘测为基础，以规划为引领，建筑、市政、园林、环境工程、文物保护多专业协同并举，全面参与完成了福州新区滨海新城规划建设、城区环境综合整治、生态公园、福道系统、水环境综合治理、完整社区和背街小巷景观提升、治堵工程等一系列重大攻坚项目的规划设计工作，胜利完成了海绵城市、城市双修、黑臭水体治理、城市体检、历史建筑保护、闽江流域生态保护修复、滨海生态体系建设等一系列国家级试点工作，得到有关部委和专家的肯定。

“七溜八溜不离福州”，在福州可溜园，可溜河湖，可溜坊巷，可溜古厝，可溜步道，可溜海滨，这才可不离福州，才是以民为心；加之中国宜居城市、中国森林城市、中国历史文化名城、中国十大美好城市、中国活力之城、国家级福州新区等一系列城市荣誉和称谓，再次彰显出有福之州、幸福之城的特质，这或许就是福州打造现代化国际城市的根本。

福州市规划设计研究院集团有限公司甄选总结了近年来在福州城市高质量发展方面的若干重大规划设计实践及研究成果，而得有成若干拙著：

凝聚而成福州名城古厝保护实践的《古厝重生》、福州古建筑修缮技法的《古厝修缮》和闽都古建遗徽的《如翚斯飞》来展示福之坊厝；

凝聚而成福州传统园林造园艺术及保护的《闽都园林》和晋安公园规划设计实践的《城园同构　蓝绿交织》来展示福之园林；

凝聚而成福州水系综合治理探索实践的《海纳百川　水润闽都》来展示福之碧水；

凝聚而成福州城市立交发展与实践的《榕城立交》来展示福之路桥；

凝聚而成福州山水历史文化名城慢行生活的《山水慢行　有福之道》来展示福之慢道；

凝聚而成福州滨海新城全生命周期规划设计实践的《向海而生　幸福之城》来展示福之新城。

幸以此系列丛书致敬福州城市发展的新时代！本丛书得以出版，衷心感谢福州市委、市政府、福州新区管委会和相关部门的大力支持，感谢业主单位、合作单位的共同努力，感谢广大专家、市民、各界朋友的关心信任，更感谢全体员工的辛勤付出。希望本系列丛书能起到抛砖引玉的作用，得到城市规划、建设、研究和管理者的关注与反馈，也希望我们的工作能使这座城市更美丽，生活更美好！

福州市规划设计研究院集团有限公司

党委书记、董事长

高学珑

2023年3月

前言

快速城市化过程带来的“城市病”，诸如城市生态系统破碎化、生物多样性降低、城市特色风貌丧失、山水空间受损、热岛效应加剧、水质水环境恶化、公共空间缺失、交通拥堵等，都需要一个综合系统的治理措施。

福州，因“城在山中，山在城中”和“城绕青山市绕河”而被视为我国传统城市设计与山水自然系统完美结合的典范。它既有引以为豪的“东方城市设计典范”的建城历史，也有当代快速城市化带来的“城市病”困境。同时，作为生态文明建设先行先试区，也被殷切地期待着探索当代城市生态环境建设的综合性实践。

近年来，福州加大力度实施“东扩南进”的城市战略，而作为城市东扩“桥头堡”的福州晋安新城，在开发伊始也面临着城市环境脏乱、生态本底受损、绿地破碎化严重等挑战。面对城市化过程带来的挑战，福州持续推动晋安公园的规划建设。牛岗山于2016年年底建成，鹤林生态公园于2018年春节建成，晋安湖于2022年年底基本建成，持续建设7年左右。

晋安公园以大型绿色开放空间建设为契机，结合了公园城市、海绵城市、城市双修等重要理念，重构了城市生态景观格局和城市开放空间体系：一是通过蓝绿空间的梳理，将绿地化零为整；二是通过城市绿道的接入，提高城市开放空间体系的连通度；三是通过城市公共设施的融入，将公园绿地变成城市公共服务和生活的绿色载体，激活新城活力核心。由此，晋安公园在修复城市山水大格局的基础上，实现了“让城市融入公园、让公园融入城市”的目的，形成了拉动新城发展的重要生态牵引力，具有十分重要的意义。

作为大型综合公园，晋安公园因其规模尺度和重要区位，在空间格局、风貌特色、生态功能、城市韧性、服务能级等方面面对城市具有重要影响，也是城市实现可持续发展的重要机遇。面向过去，公园尊重场地的生态本底与历史特征，将其作为城市的海绵体、生态核及福州城市“显山露水”格局的示范；面向现在，公园又融入了时代的功能，将其作为城市的公共花园、客厅与展厅，彰显了以人为本的公园属性；面向未来，公园承载了多元的城市业态，将其与城市相互渗透，以实现未来新城的开放共荣。生态、美学、社会、经济价值皆在这一公园中得以展现。晋安公园作为国家海绵城市、城市双修和水系治理的示范工程，在规划建设过程中遵循“城园同构、蓝绿交织”的设计理念，通过宏观规划层面的城市空间格局优化和生态系统廊道重构，中观层面的蓝绿整合和山水格局优化，再到微观层面的生态修复、海绵技术、生态水系、文化保护、活力营造、智慧共享等理念和技术方法，综合系统地推进城区的“高颜值、高品质”建设。公园既继承了风景园林优秀传统，又响应了新时代生态文明建设和公园城市建设的要求，是融合了多层次、多学科协同发展和综合施策的一个实践过程，也是响应“公园城市”理念的一次实践探索。

全书分八个章节。第一章是总的背景介绍、时代要求、挑战和契机、规划设计策略和探索实践的梗概。第二章是方案的总体介绍，也可以作为全面了解公园的导览介绍。第三章至第七章分别从山水空间格局重构、山体修复、生态水系、生物多样性、福道系统和服务设施六个重要方面，阐述了规划设计的理念、过程及技术要点，涵盖了城市空间结构，山、水、生物等生态景观要素，绿道和公园配套，以及城市共建共享的服务设施等各项内容。第八章从城园同构、蓝绿交织的角度，总结了在公园城市建设过程中的思考，并对未来类似的城市大型蓝绿开放空间的建设发展提出思考和展望。

本书是以风景园林专业为主，集合了规划、岩土、水利、建筑、生态修复、文物保护、环境工程等各个专业，倡导在多专业协同下完成的综合性项目，体现了福州市规划设计研究院集团作为城市空间问题综合解决专家的特色。本书既可以作为风景园林、城市规划、市政工程、水环境工程等专业人员的参考书，也可以作为市民百姓全面了解晋安公园，继而了解当代公园城市建设的一个范例。

目录

第一章

从“园”到“城”

来源：高屹 摄

现代园林发展的一个重要变化就是突破传统园林中“园”字的“口”的概念，从城市的大环境中考虑园林的功能和作用①。追溯城市的发展过程可知，“城”与“园”二者的关系始终在发展演进。古代时期，“园”是为特权阶层和少数人服务的传统园林，“不出城郭而获山水之怡，身居闹市而有林泉之致”，这一时期的园林是城市中的咫尺山林与少数人的理想空间（图1-0-1）。19世纪，伴随工业革命浪潮而来的人居环境与公众健康问题驱动了公园的诞生，“园”的服务对象真正从特权阶层转向普罗大众，进而改善城市环境，为民众提供亲近自然的场所。而后，城市的无序扩张引发了越发严重的环境问题，公园从孤立的个体提升至公园系统，其功能也进一步升华到解决城市环境危机和维护生态系统的层面，甚至成为城市发展的基础。进入21世纪，面对高密度的城市建设，公园的自然系统被视作城市生命体的支持系统、功能系统、结构系统以及城市发展的生态动力，公园与城市将多层次、多维度地融合发展，如今“公园城市”成为人类共同追求的理想城市②。

在这样的演进历程中，“园”从城市中少数人的空间，转变为对城市公众开放的公园，再走向与城市生态环境交织的公园系统，最终与城市融为一体（图1-0-2）。在新时代生态文明思想逐步推进的当下，公园作为人居生命体的集中代表，赋予了城市生命与灵魂，承载着城市永恒延续的历史与文化，表达着城市的情感和精神追求，城市居民因

图1-0-1　（摹）文徵明 为槐雨先生作园亭图（拙政园）1528年 北京故宫博物院藏
（来源：高居翰、黄晓、刘珊珊《不朽的林泉》）

① 施奠东．园林从传统走向未来——兼论杭州花港观鱼和太子湾公园的园林艺术［C］//《中国公园》编辑部．中国公园协会2000年论文集［J］．中国公园，2000：3.

② 吴承照，吴志强，张尚武，等．公园城市的公园形态类型与规划特征［J］．城乡规划，2019（1）：47-54.

图1-0-2 作为城市蓝绿生态基础设施和开放空间的公园绿地——晋安公园鸟瞰
（来源：高屹 摄）

公园而回归自然、回归人性[①]。“公园城市”更是将城市绿地系统、公园体系、公园化的城乡生态格局和风貌作为城乡发展建设的基础性、前置性配置要素，把“市民—公园—城市”三者关系的优化和谐作为创造美好生活的重要内容。通过提供更多优质的生态产品以满足人民日益增长的优美生态环境需求[②]，公园城市也成为当代中国所追求的理想城市。

在过去的数千年历史中，风景园林学一直扮演着“锦上添花”的角色，而在生态时代、人类史和生态文明背景下，风景园林学也以其学科使命和特性具有“雪中送炭”的潜力与机会[③]。作为建设公园城市的核心力量，风景园林学应不断探索公园城市的内涵与发展路径，充分发挥其在环境、社会、经济和文化等方面的巨大潜力，以实现风景园林学在生态文明时代的新发展。

然而，独木不成林，孤立的公园建设难以实现庞大的公园城市愿景，基于特定项目的技术措施也难以提供具有普适性的方法指引。因此，福州的城市建设应秉持公园城市内核，进一步将城市生态、生活和生产空间与公园形态有机融合，将公园建设推广至广泛的人居环境范围。公园城市的发展正待系统整合各地实践经验，推进相关政策、标准与导则的制定，继而为建设高质量、可持续发展的现代化城市建设提供依据。实践与研究相互反馈、循环上升，风景园林学方能充满活力和生机，成为生态文明领导性学科之一。

---

① 刘滨谊. 公园城市研究与建设方法论［J］. 中国园林，2018，34（10）：10-15.
② 吴岩，王忠杰，束晨阳，等. “公园城市”的理念内涵和实践路径研究［J］. 中国园林，2018（10）：30-33.
③ 杨锐. 风景园林学科建设中的9个关键问题［J］. 中国园林，2017（1）：13-16.

福州晋安公园也正是在这样的时代背景下，对当代城市大型公园绿地规划设计的一次探索实践，也对福州城市的发展产生了积极和深远影响。同时也探索了公园与城市协同发展、人文与生态和谐共生、科学与美丽二位一体的方式，这不仅是公园城市建设的一个实践样本，更是风景园林学扩展多学科协同融合的一次尝试。

第一节 快速城市化与公园建设的时代需求

联合国报告预测，至2050年全球将有68%的人口居住在城市中，而中国的城市人口将达到80%[①]。高密度城市在提供便利生活的同时，也带来了包括公共健康、环境污染、社会空间分异等在内的多方面挑战，如何缓解这些问题已成为当今全球城市发展的重要议题之一。作为城市中最具自然特征的空间，城市公园因其在提供游憩场所、美化城市环境、促进社会公平等方面展现了突出效益，被视作应对“城市病”的良方，如伦敦海德公园、美国纽约中央公园，皆对城市的发展产生了深远影响。

20世纪末至今，我国经历了一个快速城市化的发展阶段，许多城市掀起“大型公园热”，通过实施“公园先行”的理念带动新城、新区的建设发展，如上海浦东世纪公园、重庆中央公园、深圳光明中央公园等正是这一发展导向的典型案例。在生态文明建设的新时代背景下，作为结构性绿色空间的大型公园是“公园—城市”创新结合的主要载体，发挥着极为重要的环境、社会、经济、美学等价值。它作为大型生态斑块，通过更大的区域面积、更合理的生态结构应对城市扩张带来的诸多环境威胁；它作为市民生活的容器，在高密度城市环境中为公众提供大规模的休闲游憩、文化娱乐和康体运动等活动的场所；它作为区域发展的触媒，通过与城市空间复杂的交界面激活周边城市区域的发展；它作为城市的融合剂，在创造出不同于钢筋混凝土城市环境的优美景观的同时，又与城市区域建立了互动发展关系[②]。多元复合的价值和社会需求决定了大型公园必定是多目标导向、多领域合作的综合体。

在这一建设热潮之下，我们需要更加审慎地思考：大型公园是否达成了与其规模匹配的效益？现有实践中，部分公园仍作为城市建筑群中的孤岛存在，通过树丛、围墙等方式与城市隔绝，无法将公园的触媒作用传递至周边环境；部分公园成为刺激房地产开发的工

---

① UN Department of Economic and Social Affairs. 2018 Revision of World Urbanization Prospects [EB/OL] . [2021-09-01] .https://population.un.org/wup/.

② 李倞，徐析．以发展过程为主导的大型公园适应性生态设计策略研究 [J]．中国园林，2015 (4)：66-70.

具，通过地价上涨进一步招致了士绅化现象；部分公园被作为城市形象工程，强调了视觉方面的内容，而缺乏多样的游憩服务、深刻的场所感觉和合宜的尺度体验；部分公园仍被作为单一目标导向的绿地，忽视了公园自身规模决定着其所需包含的多元功能与外部社会需求。究其本质，还是缺乏对城园关系、公园本体价值的清晰判断，使得诸多大型公园的服务效率未能与其规模匹配，也导致了公园价值的流失。

因此，在当前时代背景下，公园建设正突破传统园林的围墙，从城市视角重新审视公园，赋予公园更多的外延与内涵。20世纪90年代，福州开始进入快速城市化的进程。福州有着得天独厚的山水本底资源，也在当代面临着人多地少、经济发展水平相对落后的局限。在城市化进程中，福州始终重视公园绿地的建设，尤其是依托山水资源，建设一系列和城市相融相合的山地公园、滨水公园。以晋安公园为代表，它处于福州城市更新的重点区域——东城区，既面临着开发容量和绿色公共空间之间、山水格局和建设用地布局之间、建设开发和生态保护之间的矛盾和权衡，又恰逢生态文明新时代的大背景，以及国家推动的一系列试点工作，如海绵城市、水系治理、城市双修、公园城市等，为城市绿地的建设提出了更高的要求，使其成为新时代大型城市公园绿地建设的探索之地。

第二节　福州东城区的彷徨与契机

福州地处中国东南沿海，福建省东部、闽江下游及沿海地区，东临台湾海峡。地貌为典型的河口盆地，东有鼓山，西有旗山，南有五虎山，北有莲花峰，其海拔多在600～1000m，盆地内多有低山丘陵。闽江为福州的母亲河，经福州市区被南台岛一分为二，分南北两港，北港称为闽江、南港称为乌龙江，市区内水网发达，有107条内河。独特的山水格局和2200多年的建城史，造就了福州独特的城市格局。“城在山中，山在城中”“三山两塔一条江”“城绕青山市绕河”，皆赞誉了福州城市与山水自然的完美结合，福州也被视为我国具有代表性的山水城市之一。

在近半个世纪的快速城市化过程中，福州也面临了诸多困境和挑战：城市人多地少，人均建设用地处于全国较低水平；城市化早期未重视山水空间格局和视廊的保护，存在侵占山体和填埋水系等情况，导致内涝水患压力增大与城市绿色生态网络破碎化；城市风貌特色不突出。在向现代化城市迈进时，福州一度失去了它原有东方城市设计佳例的风采[①]，

① 吴良镛. 寻找失去的东方城市设计传统——从一幅古地图所展示的中国城市设计艺术谈起［C］. 建筑史论文集，2000，4：1-6+228.

图1-2-1　从鼓山眺望福州东城区
（来源：王文奎 摄）

在城市知名度、市民认同感、城市环境等方面都处于一个尴尬的位置，虽为省会城市，但整体城市品质相对落后，位于福州中心城区东侧的晋安东城区更是一个处于城市环境品质洼地的片区。

晋安东城区1996年由郊区更名而来，整体城市品质与同属福州中心城区的鼓楼、台江有较大的差距。晋安东城区是晋安区的主要城市建成区所在地，该片区位于六一路以东，登云水库和老安山以南，鼓山风景区以西，闽江北岸以北区域，总面积37.6km^2，西接鼓台老城，东邻马尾快安，承西启东，并与三江口新城隔江相望（图1-2-1）。该片区虽然整体城市品质较为落后，但是区位非常重要，是福州“3820”战略工程城市“东扩南进”的重要跳板，未来将有机联系鼓台老城和马尾，并承接老城区人口与功能疏解，向马尾、三江口传递与辐射发展动力（图1-2-2）。晋安东城区不仅是城市“东扩”的桥头堡，也是距离福州鼓台老城核心区最近的城市更新重点片区，其品质的好坏，将直接影响福州城市的整体品质。

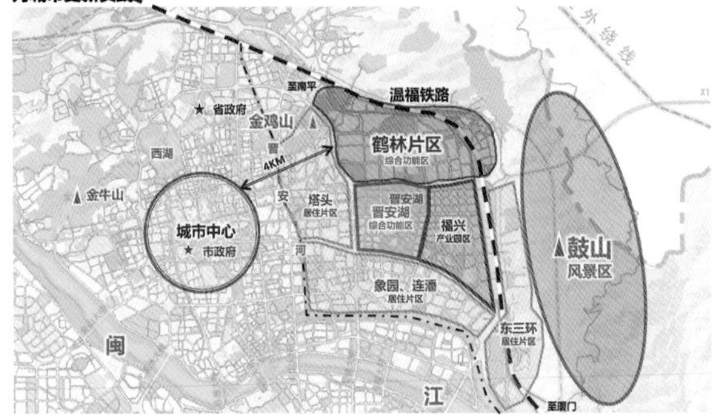

图1-2-2　东城区区域功能关系分析图
（来源：福州市规划设计研究院集团有限公司 提供）

然而，福州市东城区在2007年全面推动改造之际，规划上仍定位不清、空间结构不明（图1-2-3）。东城区自2007年启动分区规划调整，

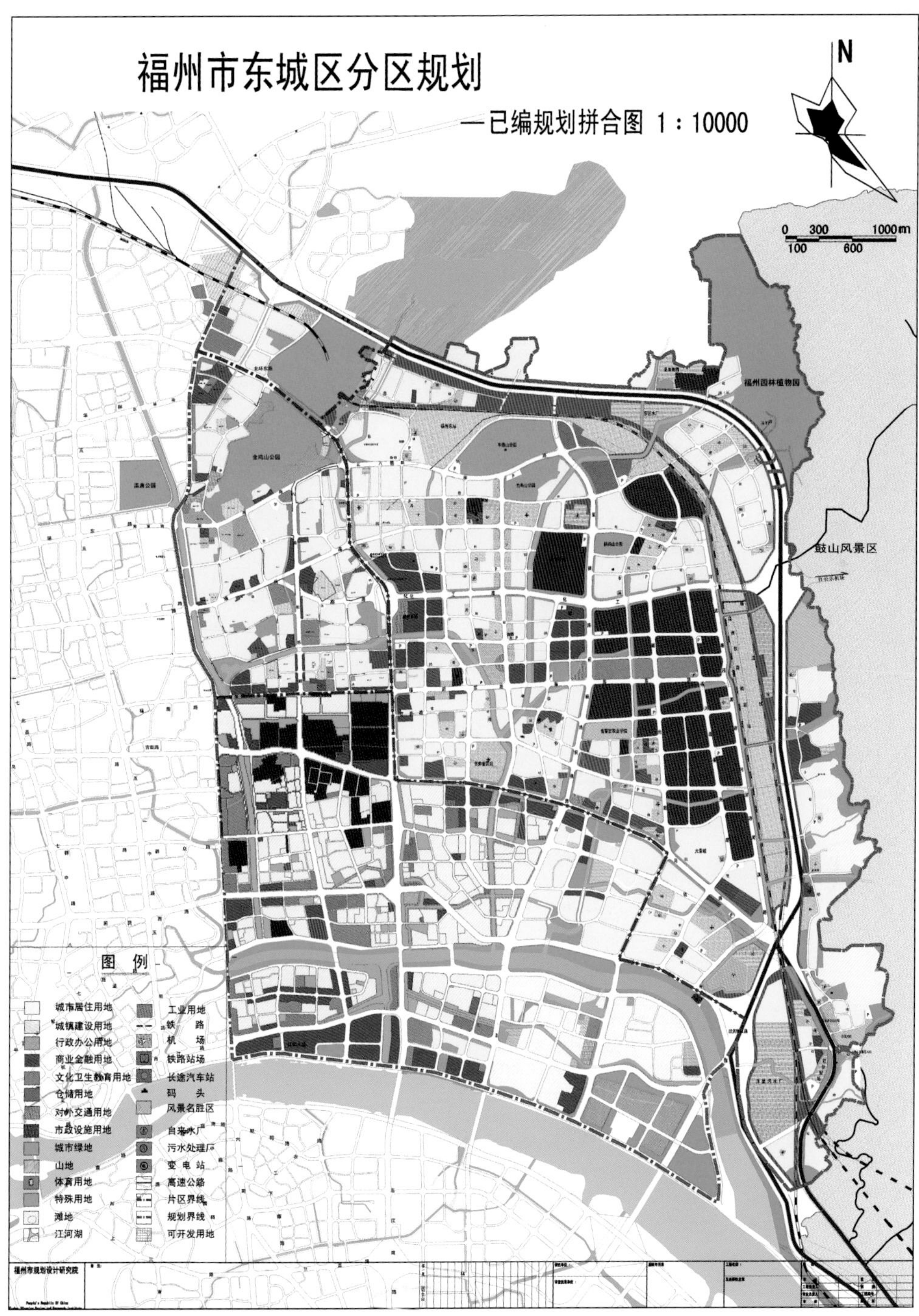

图1-2-3 早期的福州市东城区土地利用规划图
（来源：福州市规划设计研究院集团有限公司 提供）

2008年逐步启动编制鹤林、东三环、茶会、金鸡山、福兴产业园区等片区的控制性详细规划，并于2013年完成各片区统筹拼合，形成“全要素、一张图”的规划管控。其中，2007年开展的《福州市东城区分区规划（2007—2020）》具有重要的阶段性意义。通过开展城市设计的研究，规划、风景园林、交通、建筑等多专业融合协同，重新定位目标、梳理空间布局，为后续的新城建设奠定了框架。规划定位晋安东城区为“集生活居住、都市工业、商务办公、温泉休闲、服务功能于一体的现代化城市新区”，重点强化其区级综合服务中心、市级副中心及温泉休闲文化功能。在城市空间上规划形成“二轴、三心、三片”的空间结构。“二轴”指东西向沿福新路和化工路范围内的东城区公建服务轴、南北向沿牛岗山—东城区公建休闲绿心—光明港的中央绿轴。“三心”指东城区公建休闲绿心、金鸡山温泉休闲商务中心和鳌峰城市副中心。“三片”指以二环路、光明港为界，划分为三大片：二环路以西片，接受鼓台老城区外溢服务功能，沿主干道两侧安排第三产业用地，着重强化金鸡山温泉休闲商务功能及福新中路区级综合服务职能；光明港以南片，落实总体规划要求，强化城市滨江商务功能；二环路以东片，主要以居住、都市型工业为主，强化区级文体中心，构筑东城区都市绿心（图1-2-4、图1-2-5）。

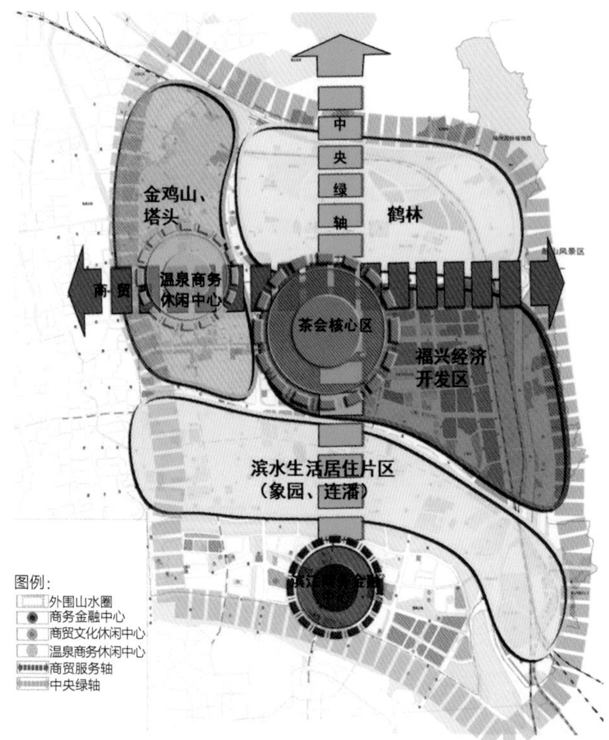

图1-2-4　晋安新城规划结构分析图
（来源：福州市规划设计研究院集团有限公司 提供）

随着规划的实施和推进，东城区的诉求和理念也在不同时期发生转变，甚至在地产经济与环境品质中反复权衡，其中最为突出的是鹤林横屿片区和晋安湖片区的规划变化。鹤林横屿片区是东城区的重点片区，也是最先启动建设的区域。从2008年起，鹤林横屿片区先后编制了多轮规划方案（图1-2-6），其核心的争议点是规模和容量的确定问题。2008~2009年，鹤林横屿片区控制性详细规划方案规划构建配套设施完善的生态宜居高尚住区，平均容积率约2.2，规划人口规模约9万。2010 年年初，意向地产开发商介入，对控制性详细规划方案进行颠覆性调整，以追

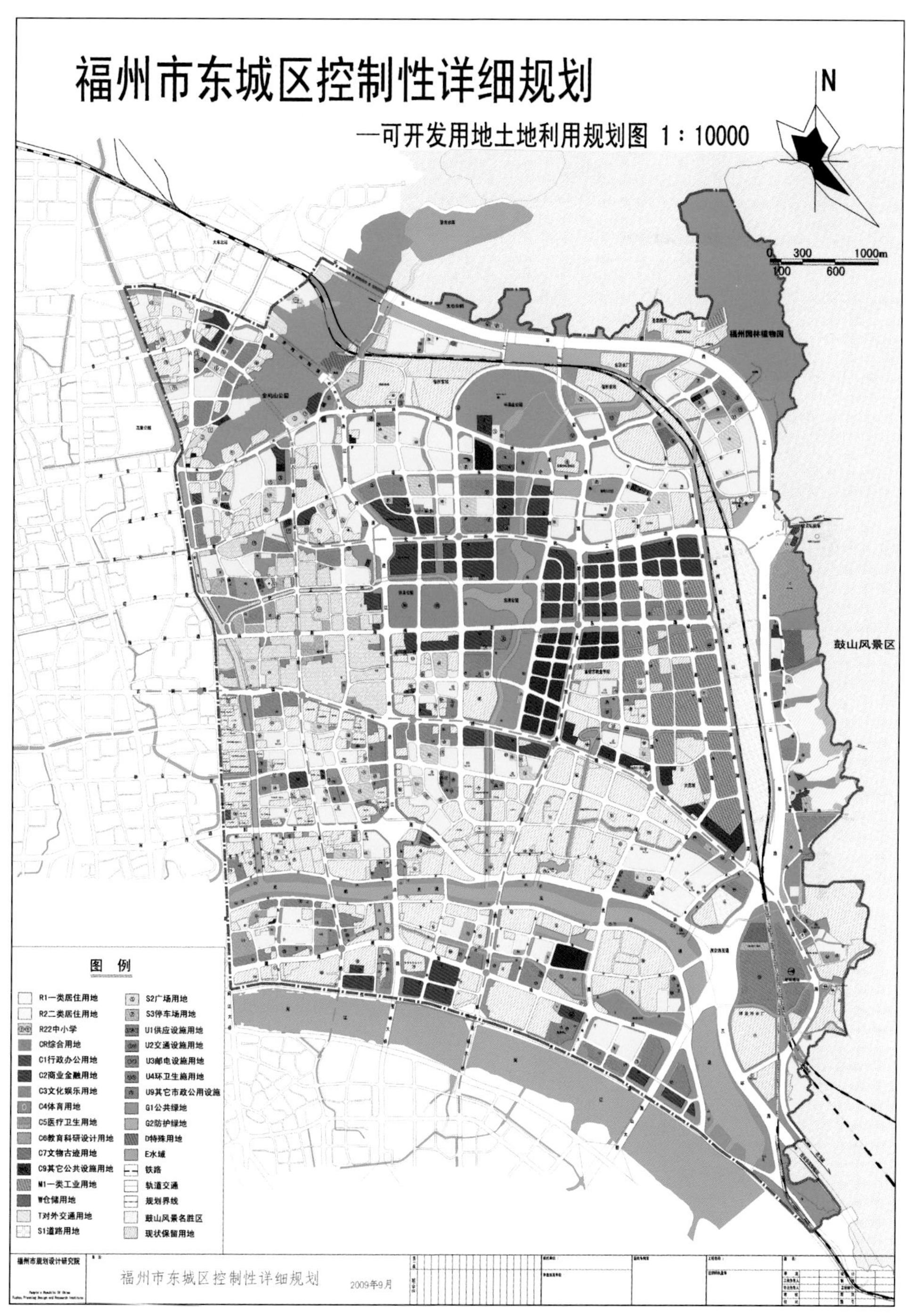

图1-2-5　2009年福州市东城区控制性详细规划
（来源：福州市规划设计研究院集团有限公司 提供）

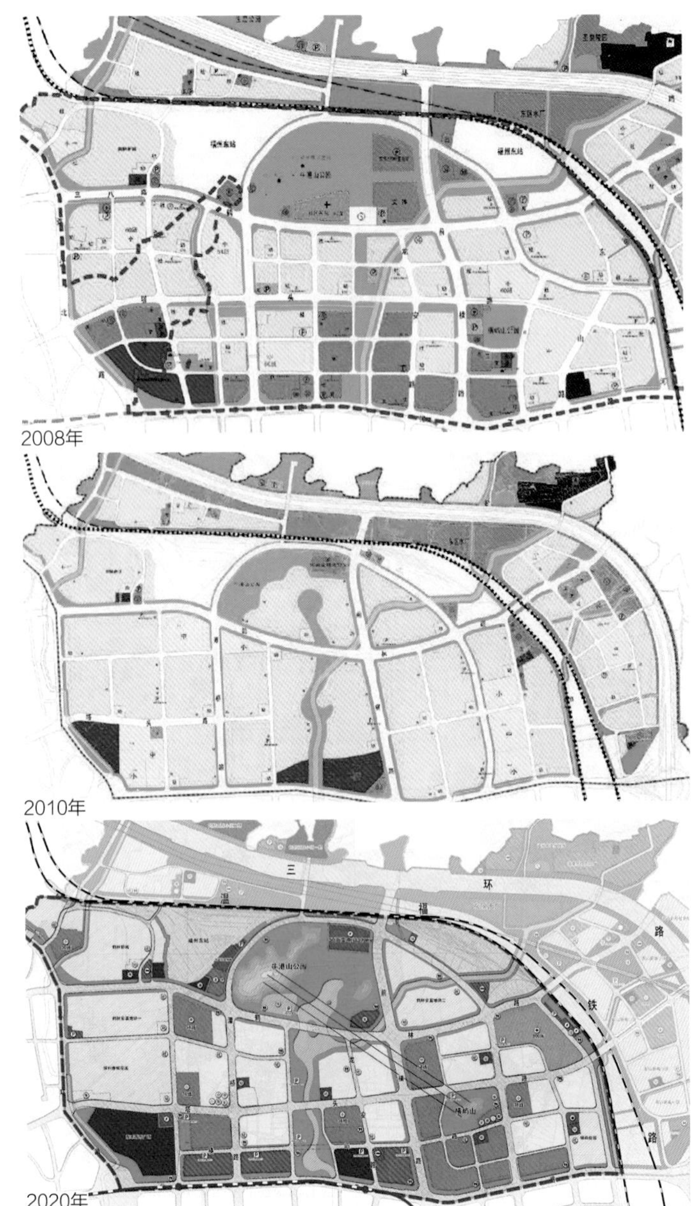

图1-2-6 鹤林片区横屿组团的规划变迁
（来源：福州市规划设计研究院集团有限公司 提供）

求经济效益最大化为目标，规划平均容积率达3.5，规划居住人口达21万人。该方案将城市蓝绿空间压缩至最小，将导致山水格局破碎化，城市的混合功能和活力也难以实现。这是快速城市化进程中地产经济与环境品质博弈的典型案例。该方案因无法统筹协调生态、景观、功能等多要素的综合要求，最终被摒弃。

2012年，该片区规划方案重新编制，在过程中积极寻求规划思想方法的变革，规划思维及工作方法由单向的、封闭型的转向复合的、发散型转变，从规划导向和市场导向两种视角，进行了科学的综合分析。规划将经济测算作为规模与容量控制、用地功能布局的基础，力图在经济效益与环境品质中取得平衡。规划在坚守山水空间格局的基础上，优化了蓝绿空间的布局位置，强化了城市的生态轴线和南北视廊，优化布局了城市公共设施用地。集中布置于公园开放空间周围的商业和公共服务用地，在提升片区活力的同时兼顾了土地开发的经济平衡。规划不仅疏解了老城区的人口，还规划了全省最大的商业综合体、全市最大的城市综合性公园、全市最好的人才保障房，吸引人气集聚。

与鹤林横屿片区不同，晋安湖片区的规划调整，更加关注生态基础设施，并强调城市的水安全需求。在2016～2018年的规划优化调整中，方案突破了传统的规划思维：一方面，将城市排水防涝的要求纳入整体城市水系的规划来核算其库容规模，在水面规模和土地利用之间取得平衡；另一方面，打破了不同用地之间的界限，将城市公共文化、体育、娱乐等用地与公园融合布置，开放共享，实现城市功能的复合化；同时，在城市空间格局上，又强化形成了南北、东西兼顾的山水轴线和视线廊道（图1-2-7）。

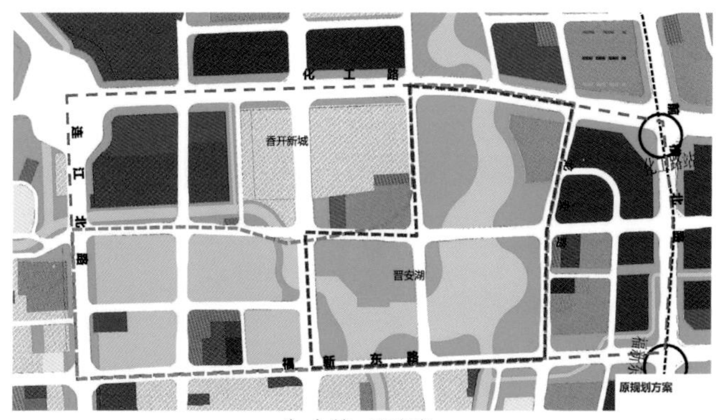

（a）第一次方案

（b）第二次方案

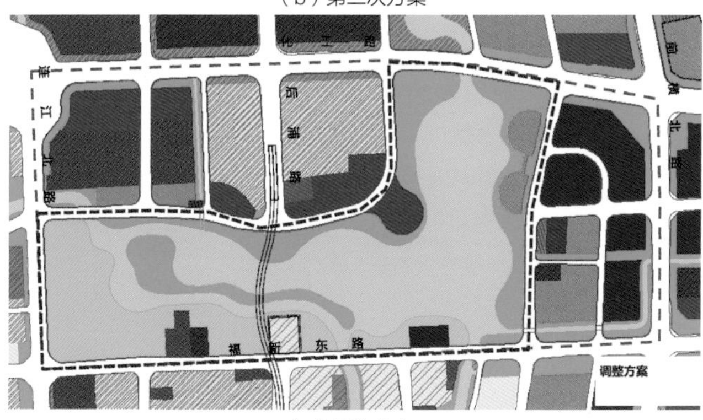

（c）最终方案

图1-2-7　晋安湖片区规划调整方案
（来源：福州市规划设计研究院集团有限公司 提供）

近二十年里，东城区的绿地系统规划也经历了显著的变化（图1-2-8）。《福州市绿地系统规划（2003年）》中，晋安区的绿地破碎化严重，蓝绿分离，缺乏系统性。经过多轮优化，尤其是以牛岗山为核心的鹤林横屿片区和以晋安湖为核心的片区绿地系统（2021—2035年）调整后，优化了东城区的山水空间格局，构建了以晋安公园为核心的城市蓝绿生态网络系统，在一定程度上修复了破碎化的城市生态系统，为打造高品质城区奠定了规划基础。

东城区的建设恰逢了一个时代契机：围绕着晋安公园为核心的规划优化调整和蓝绿生态网络系统的建立，需要协调土地经济和城市长期永续发展，需要平衡短期经济利益与长期城市环境品质，需要统筹城市山水格局和各类用地布局，需要权衡土地开发强度和蓝绿生态基础设施空间。这些都需要政府和专业部门的智慧和勇气，而这也为“从园到城”提供了发展基础——这样的公园，不仅是一处游憩休闲的开放空间，更要承担起更大的城市层面作用。

这个时期，生态文明新时代许多新理念、新要求出现：有“绿水青山就是金山银山”的两山理论，要“望得见山、看得见水，记得住乡愁”；山水林田湖草是生命共同体，人与自然和谐共生，提出了“创新、协调、绿色、开放、共享”的新发展理念等；还陆续推动了海绵城市建设、城市双修、城市更新、黑臭水体治理等国家试点工作；特别是2018年2月提出了“公园城市”这一崭新的城市发展理念，代表着生态文明时代城市发展的方向，诠释着新时代人与自然和谐共生的价值追求。

在这样的时代背景下，“公园”的范畴已经不再仅仅局限于“公园绿地”，园与城应当更加紧密地融合，公园建设必须跳出自己的绿线范围，将视野融入到整个城市之中，更好地

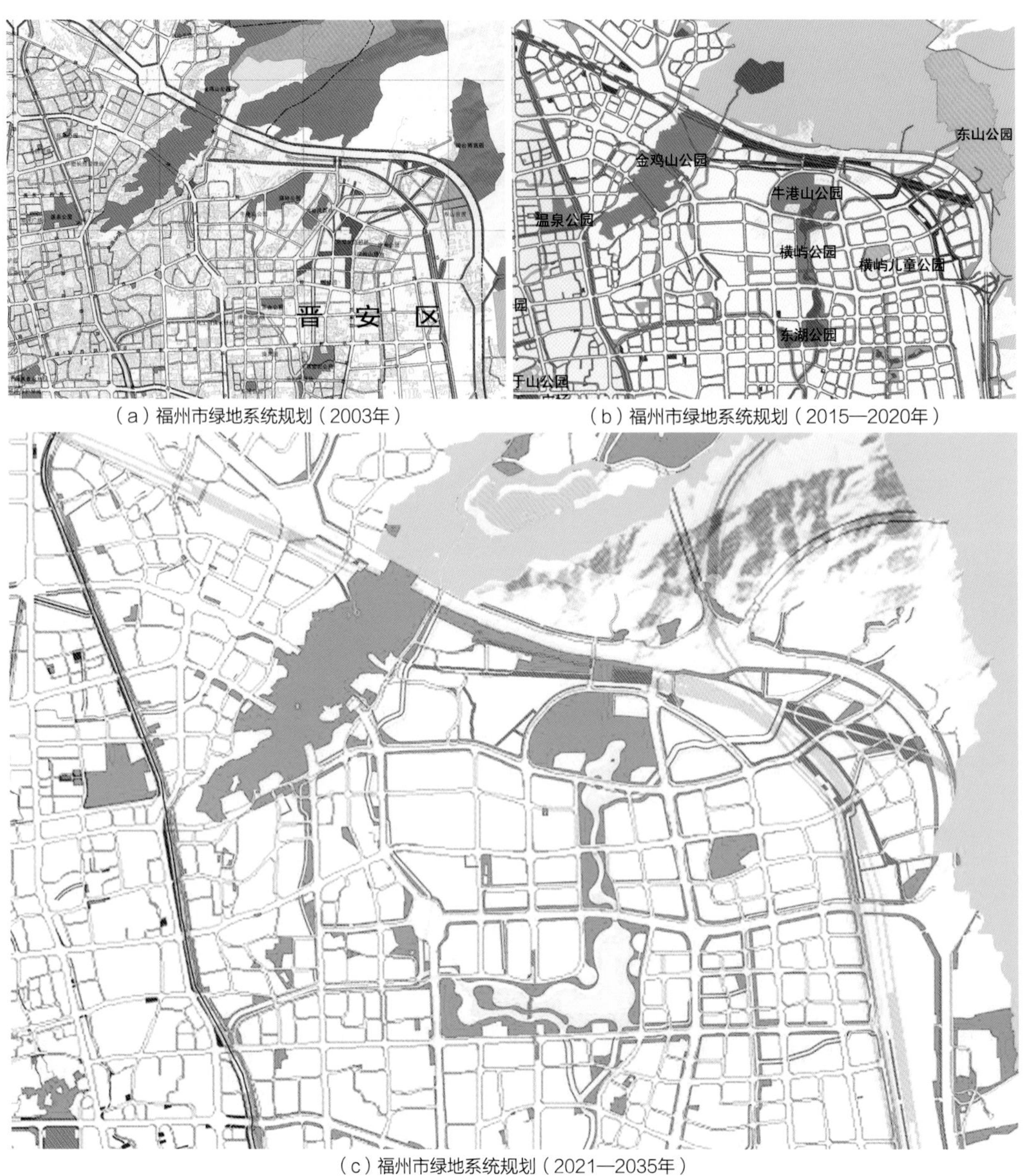

（a）福州市绿地系统规划（2003年）

（b）福州市绿地系统规划（2015—2020年）

（c）福州市绿地系统规划（2021—2035年）

图1-2-8　东城区不同阶段绿地系统规划对比
（来源：福州市规划设计研究院集团有限公司 提供）

体现“公园”的公共性、开放性、共享性、功能性。在这个过程中，“从园到城”的视野转变，是实践公园城市的基础和重要途径之一，强调以绿色开放空间为载体，与城市其他各类空间耦合。“城园同构、蓝绿交织”，让城市融入公园，让公园融入城市。

第三节 “从园到城”的策略

一、空间格局——山水重构、显山露水

东城区东邻鼓山，北靠北峰，西有晋安河，南有光明港，城区内也有金鸡山、牛岗山、金狮山、横屿山、康山等低山丘陵，片区内凤坂河、化工河等内河水网发达。因此，应立足于福州市和东城区的大山水空间格局，充分结合规划优化调整的契机，从场地的现实立地条件出发，传承中国传统理想人居环境的山水布局模式，重新梳理片区的山水结构。作为未来东城区永续发展的基本空间格局，显山露水，奠定山水城区的基础（图1-3-1）。

二、生态环境——系统修复、安全韧性

首先，识别东城区城市化进程中带来的生态受损，包括生态空间破碎化、山体开挖、弃土弃渣废弃地、水环境污染、水生态弱化和局部内涝隐患等。其次，结合国家海绵城市和城市双修试点工作、福州市水系综合治理，从构建福州江北城区蓝绿空间整体生态网络的角度出发，统筹城市绿地和水系布局，构建城市的水廊、风廊和绿廊，重塑自然生态水岸（图1-3-2），修复受损山体，提升生物多样性，提升水安全、水环境质量，建设安全韧性的城市绿色生态基础设施。

三、人文传承——留住乡愁、面向未来

结合城市蓝绿空间，通过保护摩崖题刻、古树名木、古井等重要的历史文化遗存，并进行活化利用，使其成为城市历史记忆的锚点。文化传承不仅是保留古迹，还包括留存时代的集体记忆，尤其是对于有着千年乡村历史的地区来说，宗祠和信俗建筑是乡土文化的重要载体，巧妙地保留，并与现代社会相融合利用，也滋养了当地居民的归属感（图1-3-3）。传承不止于回望过去，也要融入未来，在强化地域文化活动的同时，融入当代城市公共生活。此外，公园绿地提供丰富的多尺度交往空间，成为城市公共文化生活的聚集地、城市精神的展示地，以及未来城市的人文场所。

图1-3-1　晋安新城显山露水的空间格局
（来源：王文奎 摄）

图1-3-2　遵循安全生态水系理念的凤坂一支河
（来源：王煜阳 摄）

图1-3-3　古树、宗祠和信俗建筑群留存着乡愁
（来源：王煜阳 摄）

四、福道慢行——山水相连，城园相通

步行不仅是最低碳的健康生活方式，也是最能感受城市风貌、串联城市蓝绿生态网络系统的交通方式。“山水慢行，有福之道”，福州以慢行的方式，构建了可以望山、看水、走巷的绿道网络系统。晋安东城区作为从规划层面开始全面实施“城园同构、蓝绿交织”的片区，应打造高标准的绿道网络系统示范区，用慢行的方式连接起公园绿地和城市的文化、体育、商业、娱乐和市民公共服务等设施，实现“山水相连、城园相通”。这是公园城市最能给百姓带来获得感的方式之一，也是蓝绿生态网络系统连通性和可达性的最佳体现（图1-3-4）。

图1-3-4 晋安公园中的绿道
（来源：高屹、王文奎 摄）

五、共建共享——公园城市、功能活力

作为绿色开放的城市公共空间，晋安公园具备实现共建共享的多元目标基础。第一，公园绿地可以融合布置城市重要的文化、体育、商业、娱乐、市民服务等公共设施，打破用地权属的界限“破墙引绿”，发挥“触媒力”的作用，提升城市的复合功能活力（图1-3-5）；第二，开放共享绿地与各类公共服务设施的基础设施，如停车场、广场、应急疏散通道、导览线路等，使其更好地发挥基础设施的服务功能，实现1+1>2的多赢目标；第三，作为开放空间，打造集城市科普教育、人才交流、企业团建、群众体育比赛等功能于一体的共享场地，实现资源互补，激发场地的多元活力。

图1-3-5 城市的文化、体育、商业、娱乐、市民服务等公共设施与公园共建共享
（来源：王煜阳 摄）

第四节　晋安公园的探索实践

在上述策略下，晋安公园经历了数轮规划调整和优化实施，分阶段建成且开放。牛岗山于2016年年底建成，鹤林生态公园2018年春节建成，晋安湖于2022年年底建成，持续建设7年左右，集中践行了一系列新时期生态文明建设的新思想、新理念、新方法。

通过蓝绿空间的规划优化，晋安公园将绿地空间化零为整，并传承传统山水理论，利用废弃渣土筑山修复了北部的牛岗山，结合水系治理建设了中部的凤坂一支河，结合滞洪防涝建设了南部的晋安湖，形成了“北山南湖、一溪贯穿”的具有自然山水园林特色的福州版城市中央公园，总面积达114hm^2。公园建设“显山露水”，优化了东城区的城市空间格局，提升了宜居环境品质。以鹤林片区为试点，以晋安公园为核心，遵循海绵城市建设理念，全面推进城市双修，实施生态水系建设，让晋安公园不仅成为城市重要的滞洪湖，还成为重要的绿廊、风廊、水廊、生物廊道和老百姓喜欢的活力生态廊道，并增强城市生态韧性，打造城市中心区人与自然和谐共生的典范。此外，通过绿道的接入和城市文化、体育、商业、娱乐、市民服务等公共设施的融入，晋安公园不仅有10km的智慧休闲步道，还有满足群众性比赛的水上赛道，更有图书馆、文化馆、摩天轮文旅综合体等开放共建共享空间。由此，公园绿地变成了城市公共服务和生活的绿色载体，真正实现了让“公园融入城市，城市融入公园”的目标。

目前，晋安公园已经是国家海绵城市、城市双修和水系治理的示范工程，也是福建省水系综合治理、生态廊道等品质提升的样板工程。该项目获得中国风景园林学会科学技术奖规划设计一等奖、全国优秀工程勘察设计园林景观设计二等奖等奖项，迎接了大量专业机构和兄弟省市的参观考察。晋安公园实践既继承了中国风景园林的优秀传统，又响应了新时代生态文明建设的要求；是响应“公园城市”建设理念的一次成功探索，也是福州“生态文明建设造福于民”的生动实践。

以晋安公园为核心的晋安东城区，从城市的洼地蝶变为高品质新城。以晋安公园为代表，连同福州近几年的绿道建设、生态休闲空间打造、水系综合治理、闽江景观带建设等一系列城市公园绿地和生态环境的建设，让这座城市发生了显著的变化。2021年福州获评“中国十大大美之城”“中国十大活力城市”，2023年荣获亚洲唯一的首届联合国“全球可持续发展城市奖”，福州市民的获得感和城市认同感得到明显提升。

第二章

总体方案

来源：石磊磊 摄

晋安公园的整体设计方案并非一次定稿，而是一个经历了分阶段设计和持续不断优化调整的过程。其中，既有东城区发展大方向的不断权衡和明晰的过程，也有响应和推动国家层面海绵城市、城市双修、水系治理建设等试点探索工作的要求，还有以公园城市为代表的新时代指导思想和理念。但是在整个设计方案动态变化过程中，每一阶段的设计都始终坚持着从城市整体的角度、从山水大格局的角度、从蓝绿生态网络体系的角度来不断审视和优化公园的设计方向。最后形成的设计方案既保证了公园的整体性，又响应了福州城市建设的变化，体现了新时代生态文明建设的一系列新要求。

第一节　基地条件

一、自然条件

项目所在地福州位于我国东南沿海，闽江河口，属于典型的亚热带季风气候，夏长冬短，霜冻少，无霜期在300天以上，市区年平均气温19.7℃，月平均气温最低值是10.6℃（一月份），最高是28.8℃（七月份），夏季极端气温最高可达40℃以上，海拔较高地区冬季会有零星降雪。年平均降水量1348.8mm，但是四季分布不均，夏季降水尤为集中，年平均日照1755.4h。主要气象灾害有台风、暴雨洪涝、夏季高温、干旱、寒潮、倒春寒和强对流天气等。

二、地形地貌

福州是典型的河口盆地，左旗（山）、右鼓（山）、北莲花（山）、南五虎（山）构成了福州城的外围一重山，高度600～1000m。公园所在的晋安东城区为鼓山和莲花山的山前区，北高南低，整体地形以平原为主，但有一些低山丘陵散落于此，犹如地势低洼处的一个个岛屿。项目所在地北部的牛岗山和金狮山就是山前平原中的两座低山丘陵，由于片区开发建设和道路施工等原因，牛岗山和金狮山山体开挖受损严重，废弃土方大量堆积，破坏了山体形态（图2-1-1）。而项目南部场地平坦，地势较低，现状标高为罗零6.5～7m（注：本书的高程均采用福州的罗零标高系，下同），主要为城中村、建材市场、工厂、物流配送等场地（图2-1-2）。

图2-1-1　牛岗山及鹤林生态公园建设前
（来源：晋安区园林中心 提供）

图2-1-2　晋安湖公园建设前
（来源：晋安区园林中心 提供）

三、水系分布

场地内有凤坂河和凤坂一支河两条主要河流穿过。凤坂河为晋安河光明港的分支，起始于晋安河六一路口，自西北向东南经本场地向南又汇入光明港，这是本片区主要的行洪河流，其宽度为19～35m，两侧各有10m沿河绿带（图2-1-3a）。东侧凤坂一支河是典型的山溪型河流，源于东北向的鼓山山麓，穿三环后向西南延伸，经北侧金狮山和牛岗山，自北向南贯穿项目场地，总长达4.9km，水源来自上游东区水厂排放用水和约12km^{2}汇水面积的降水，河流宽度10～15m，常年水位较低，汛时水流较大，于基地南边福新路附近鼓四村汇入凤坂河（图2-1-3b）。两河汇流处也是晋安东城区地势相对较低的区域。由于河流所处片区有大量村庄、工业区和居住区，水质受到污染，常为V类水和劣V类水。

（a）凤坂河

（b）凤坂一支河

图2-1-3 凤坂河和凤坂一支河建设前照片
（来源：高屹 摄）

四、植被条件

福州位于南亚热带季雨林和中亚热带常绿阔叶林两个植被带的交界带，植物种类丰富、植被类型多样。晋安区又是福州的“后花园”，全区森林覆盖率达65.5%。但是项目场地主要为孤立的山体和耕作平原，植被相对简单（图2-1-4）。山体上主要为次生林，树种有相思树、马尾松、榕树、香樟、构树和部分果树，树种较为单一。其中，金狮山曾经是一处民营的盆景园，人工种植了大量的榕树及其他观赏花木，涵盖了朴树、榉树、榆树、九里香等几十种树种。山脚下的村落和庙宇边有三株古榕树，独木成林，为当地的风水树和标志树。场地南部的工业园区内，道路边和河流边也生长了茂密的榕树，大多数体形硕大，冠如华盖，成为这个场地的主要林荫带。

图2-1-4 牛岗山单一的林相
（来源：高屹 摄）

五、人文资源

历史上该片区一直是福州古城外的农业区域，直至20世纪末开始大量作为工业区进行开发建设。一些主要的历史人文景观及遗存分布较散，主要位于各个村落和山上。其中，牛岗山上有著名闽学代表人物朱熹在此留下的“凤丘”“鹤林”摩崖石刻（图2-1-5a），山北面有一口宋代丹井，均为区级文物保护单位。场地南部所在的茶会片区，有重要的茶文化要素，“茶会”古称“茶焙（福州古音‘被’）”，就是八百多年前福州城的茶叶制作之地。古时候，茶会村是福州东郊的鼓岭和北岭等山区农民进城的必经之地，村庙的镏金牌匾书有“茶场福境”四个大字。

场地附近还有邓拓故居、邓家骅故居、坊兜桥、木牌坊、赵公俊墓等文物遗迹，周围横屿6个自然村中还有10口宋代水井，是福州古井资源最为集中的区域，1992年被公布为区级文物保护单位。场地内及周围的村庄还有一批宗祠、庙宇（图2-1-5b），其中不乏竹林境、陈氏大厝、上社10号等一批保存较好的传统建筑，延续着浓浓的乡愁记忆。由于整个片区的开发建设，这批宗祠、庙宇被要求尽量迁建或安置于项目场地内。

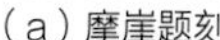

（a）摩崖题刻

（b）古树古庙

图2-1-5　牛岗山上的摩崖题刻和古树古庙
（来源：高屹 摄）

第二节　总体设计

一、目标定位

在新时代生态文明建设的一系列新思想、新理念的指引下，伴随着晋安东城区十多年的规划优化调整和建设实施，成就了晋安公园从蓝图到现实的一次次蝶变。既有站在城市整体空间布局上的山水格局、城市水系、片区路网和功能布局的优化调整；也有公园内部山水关系、景区景点、生态修复、设施配置、风貌特色等的不断探索和创新。这样的时代契机，也对晋安公园这样的城市大型蓝绿开放空间提出了更高的目标定位（图2-2-1）。

福州晋安公园通过“城园同构”和“蓝绿交织”的途径和方法，优化城市山水空间格局，重组城市蓝绿生态网络，成为集风廊、水廊、绿廊、生物廊道等多种生态功能于一体的城市重要绿色生态基础设施，融合休闲娱乐、康体健身、科普展示、文化交流、市民服务等复合功能，成为福州市的城市绿色中央客厅，市级综合性公园绿地和促进片区高质量发展的新引擎、新名片、新活力中心（图2-2-2）。

二、总体布局

基于晋安东城区的片区城市规划，根据场地的立地条件，通过山水格局的重新梳理，统筹绿地和水系；通过近十年不断地方案比选论证、规划优化调整及分阶段实施，最终形成了

东城区的中央公园，都市中的新绿洲

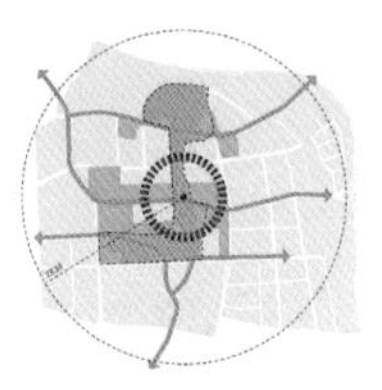

城园同构
新城发展的绿色触媒
生态廊道的交汇缝合

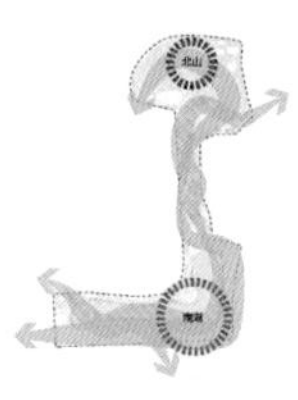

蓝绿交织
显山露水的空间格局
蓝绿交织的生态本底

古今同构
传统园林的现代诠释
多元共享的开放空间

图2-2-1　晋安公园的目标定位
（来源：巫小彬 绘）

图2-2-2　晋安公园总体布局图
（来源：陈慧玲 绘）

图2-2-3 晋安公园总体鸟瞰图
（来源：高屹 绘）

“北山南湖、一溪贯穿”的总体布局；由牛岗山山地公园、鹤林花溪溪流公园、晋安湖湖体公园三个不同山水特色的公园绿地，共同组成福州市晋安东城区的中央公园——晋安公园（图2-2-2、图2-2-3）。

牛岗山公园位于鹤林路以北，占地约36.67hm^2，以山地景观为主。公园以环山合抱、聚水成潭构筑山水骨架，通过全面的山体生态修复，将原本各自独立的牛岗山和金狮山连成一个“C”形山体，成为整个晋安公园的北端“靠山”。山上可登高览胜，既可南眺城市绿轴，又可环视鼓山北峰等面城一重山。山前的阳光草坪和雨花溪湖则成为最具人气活力的场所。

鹤林生态公园位于鹤林路、横屿路和化工路之间，占地约16.67hm^2，以水为脉，汇集了凤坂一支河和牛岗山雨花溪湖的来水，以近自然生态河流为设计理念，以山溪型河流为特色，形成了两岸有丰富地形与植物变化的自然山水园，沿岸布置有儿童乐园、草地剧场、花溪观赏径、阳光花岸等亲近自然的开放活力空间。

晋安湖公园北至化工路，南至福新路，东至龙安路，西至二环路，面积约60.67hm^2，以湖景为主，湖面东西长1100m，南北长600m，呈“L”形，水面面积达40hm^2，以“榕荫花堤”分离湖体与相邻的凤坂河，实现排洪河道与滞洪湖的“河湖分离”，实现灵活的水位调控，同时分割湖面，形成湖、河、堤、岛、湾等多样的水景特色，湖和堤形成“双如意”状。园中有湖光杉色、一鉴湖城、榕荫花堤、湖城胜景等景点，湖体尺度兼顾龙舟、水上运动等比赛要求。

这样的三个公园，既空间变化丰富、特色鲜明、景色各异，又相连一体，形成南北连续贯通的公园绿地，并以无障碍步道贯穿三个公园，实现全园慢行系统的安全通行（图2-2-4）。

图2-2-4　晋安公园总平面图
（来源：巫小彬 绘）

三、功能融合

围绕着114hm^{2}城市中央的蓝绿空间，探索性地提出了公园绿地和城市文化、体育、商业、娱乐、市民服务等设施的融合共建，让城市公共生活和蓝绿空间充分结合，发挥公园绿地的触媒作用。结合福州市文化建设等相关工作的推进，根据晋安公园的总体布局，最终形成以北山、南湖为载体，融合布置了“四馆、一中心、一综合体”。

在牛岗山南坡位置建设晋安区体育馆、福州市科技馆，两馆依山而建，以山为屏，形成“山馆融合”的模式。围绕晋安湖畔布置福州市少儿图书馆、福州市文化馆、摩天轮商业综合体和晋安区级体育中心，并将继续推动其他公共文化设施的融合共建，形成了“共建共享”的模式，每一座公共建筑和设施，都是映衬在湖边的城市地标，相映生辉，完全向公园游客开放共享。体育中心也打破用地的边界，全方位地融入公园，成为蓝绿开放空间的一部分（图2-2-5）。

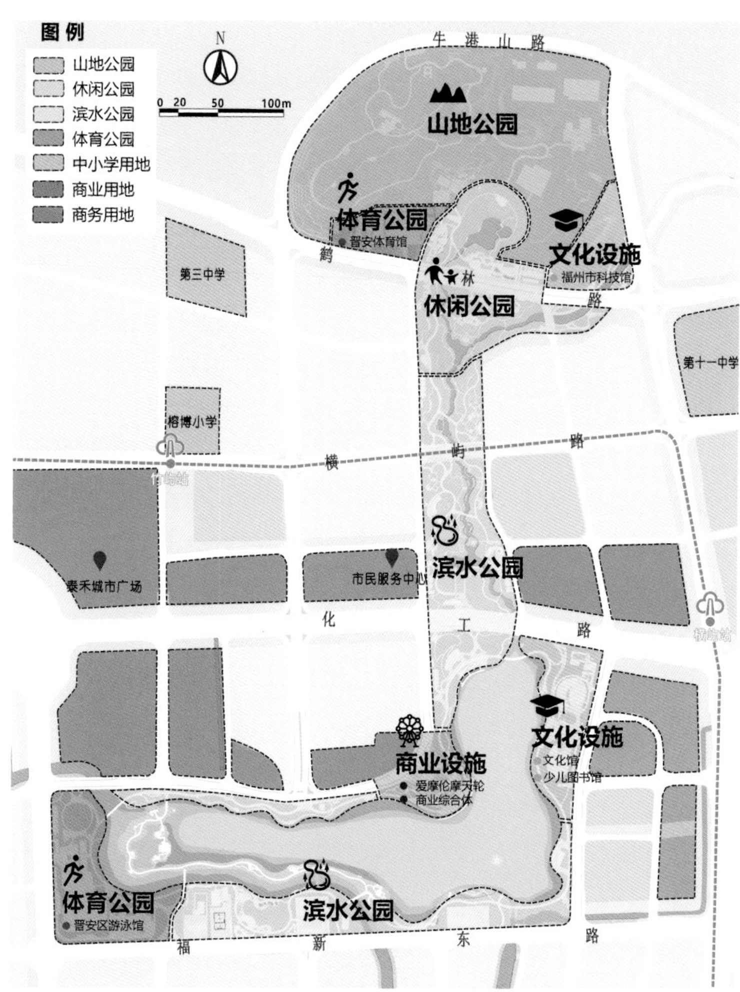

图2-2-5　晋安公园与城市公共设施布局
（来源：巫小彬 绘）

四、竖向地形设计

公园竖向设计遵循片区的整体现状地貌，因地制宜，总体上呈现了“北山南湖，一溪贯穿”的地形地貌特征（图2-2-6）。

北部牛岗山公园的主峰牛岗山海拔82.9m，金狮山海拔49.9m，两山之间的弃土堆山部分海拔40m，既就地消化50万m^{3}弃渣土，又将原本各自独立的牛岗山和金狮山连成完整的半环形山体。山体东西两侧略高，中间略低，形如牛背鞍部，整体平面又如“C”形，状如太师椅。山南坡为半环抱的平缓山坡，坡度从山脊向山脚逐渐放缓，直至汇水低点的雨花溪

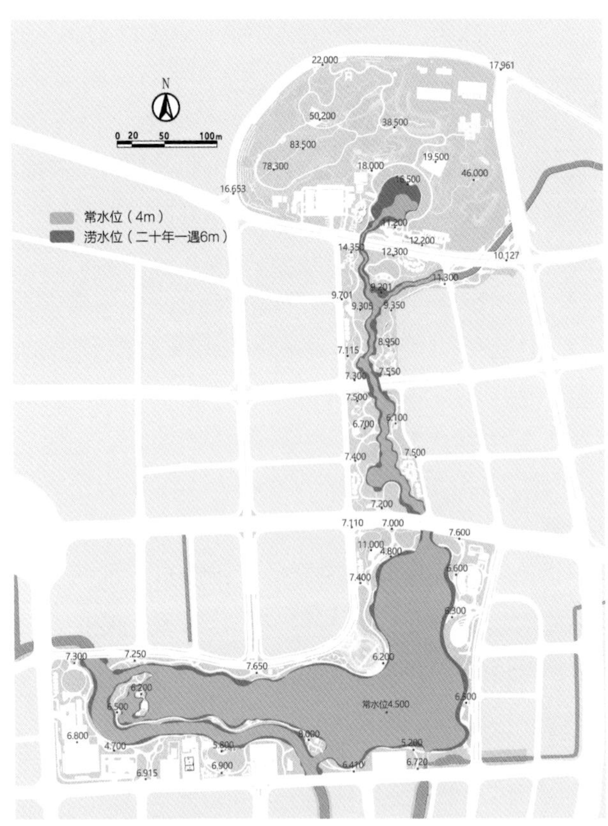

图2-2-6　晋安公园总体竖向控制
（来源：巫小彬 绘）

湖。上部坡度控制在15%～25%，既满足土壤自然安息角要求，又能提供林下坐歇和斜躺的舒适坡度；下部环湖边为5%～12%，形成开敞舒适且有微地形起伏的山前大草坡，成为市民最喜欢的阳光草坪。

中段鹤林生态公园中，凤坂一支河自北而南顺地形自然流动，高程从鹤林路段河底的12m，降至化工路段河底的4m，总体坡降0.2%，跌跌宕宕，形成了独特的山溪型河流水景。溪水两岸通过设置不同坡度的区域，使地面呈现出高低错落的变化，从而增加景观的层次感和多样性。以溪为轴，两侧多为8%～15%的坡地，其最高点均位于该河段的设计涝水位线以上，确保防洪安全。这样既形成了近自然的安全生态河流断面，又形成了符合人体工程学的缓坡地貌，适应人们的坐、躺、跑等活动。一溪两岸的园路系统竖向上顺应地势，时而平缓、时而起伏，与周围的环境融为一体，为游客市民提供了一个舒适、安全、宜人的游览空间，使其能够充分感受自然山水的意境，沿河主园路、主广场、建筑物标高位于涝水位之上，临水的游步道、小径亲于水边，允许汛时作为行洪区域，体现了生态河流弹性设计的理念，满足了平日亲水、雨季防汛的需求。

晋安湖公园所在片区地势平坦，水位和防涝要求是场地竖向设计的基本前提。按照片区水系的总体规划，晋安湖所在河流常水位为4m，汛时设防涝水位为6m。周围场地高度顺接市政道路，主园路、建筑物和广场位于7m以上，确保了主要活动空间和建筑设施的安全。次园路临水而行，因地制宜，高度起伏，灵活多样。环湖采用缓坡入水的自然驳岸和坡地，最大坡度不超过25%，多为5%～15%，舒适的滨水缓坡空间，让市民更加贴近自然。为克服大面积平坦场地的单调感，在局部的景点处，打造3～5m的缓坡小土丘，形成局部制高点和丰富的地形变化。

五、植物景观设计

风景园林有别于建筑、规划的最大特点就是植物造景。有生命的空间景观不仅随着时

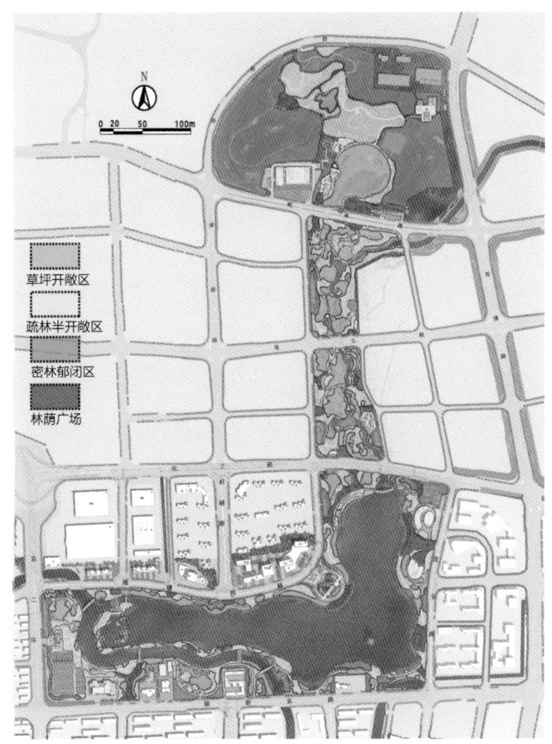

图2-2-7　晋安公园植被空间类型示意图
（来源：廖晶毅 绘）

间的推移生长和演替，还形成一年四季不同的季相变化。同时，不同的地区和文化背景下，植物尤其是古树名木，还被赋予特殊的含义，兼具自然景观和文化景观的价值。晋安公园的植物造景从空间营造、特色植物景观打造等重点入手，形成了丰富多样、特色鲜明的公园景观。

1. 空间营造

通过不同的植物群落类型与独特的山水地形骨架相结合，塑造了既有大开大合，又有小中见微的自然山水园林空间（图2-2-7）。

总体上，牛岗山以保护既有的次生林为基础，通过封育保护，减少人为干扰，优化林缘植物，打造山地密林区，成为整个晋安公园的背景林。在湖边、溪边、河边等滨水区，留出大小不一、相对开敞的阳光草坪和疏林草地区，在植物群落的垂直空间上，强调“工”字形结构，不仅有乔木和滨水湿生低矮植物，局部点缀特色的组团群落，形成更多的亲水空间和丰富的观水视廊，也有利于滞洪和行洪场地的维护管理。作为城市中心区的开放空间，与周围街道的交界面既是公园的边界，也是与城市的交融面。晋安公园设计一改传统公园筑以围墙或以多层次乔灌草林带作为隔离带的做法，而是采用了“大乔木+草坪”为主的做法，通透且有遮阴，凸显了晋安公园的开放性，让公园的湖光山色完整地得以呈现，也让公园的边缘成为城市的活力界面，而非隔离带。在公园其他的步道边、建筑边、广场边、山边，则根据场所的特点，因地制宜，或成行，或阵列，或孤植，或成丛，或成片，打造丰富的局地空间形式，既有密不透风之障，也有疏可走马之处。

在上述整体植物空间分类营造的基础上，重视特殊场所的植物景观细节。如在草坪广场等开敞空间，用榕树等比较有特色的大乔木孤植、丛植，体现独木成林、暑不张盖的造型，形成焦点型景观，如长堤上的榕荫；在重要的视线眺望处，则要留出重要空间避免植物遮挡，如牛岗山的竞秀台前，一片斜坡草坪，留出了远眺摩天轮和晋安湖的视廊；而在水边的石矶、汀步、桥头等处，多选择造型独特的花木，或疏影横斜，或杉林挺秀，或细柳拂水，形成节点特色景观。

2. 特色植物景观

在植物空间营造基础上，晋安公园也通过有针对性的植物种类选择，形成了丰富的特色植物景观。既有单个种类植物以量取胜的整体景观，也有多种植物共同组成的群落景观；既有地带性物种形成的地域标志性景观，也有外来品种带来的植物新景观。

牛岗山、金狮山山体既有的背景林树种单一，但通过在人工堆筑的山地上增加了红叶乌桕、无患子、大腹木棉等色叶开花乔木，改善了单一的林相，丰富了山地四季不同的植被景观变化。山上近两千株的福建山樱花与结合受损山地修复的粉黛乱子草花坡，成为公园的网红打卡点。公园中集中成片的还有鹤林的黄花风铃木和晋安湖的池杉、乌桕，都在特定的时节形成规模化的植物景观。作为一个具有潭、溪、河、湖多样水体的公园，滨水的植物景观尤为重要，也是特色植物景观的典型地带，近百种不同的花境植物，形成了常年有花、四季不同的水岸植物景观。公园周围新建的市政道路行道树也和公园整体规划设计衔接，茶香路四排近千株的宫粉羊蹄甲，每当四月花开时，满街粉花摇曳引得众人醉，也成为晋安公园的一景。

从保护利用入手，就地保护和彰显古树名木，成为地域性的植物景观特色，如雨花溪湖、鹤林路上的大榕树，几乎成了公园的一个标志。此外，公园巧妙利用场地既有大榕树，结合晋安湖的开挖，就近带冠、就近移植，快速形成公园的骨架树种，成为植物景观的主体。

六、交通组织设计

作为大型城市开放空间的交通组织，不仅有公园内部的游览路网，更是城市快慢交通体系的一个重要组成部分和影响因素。

1. 内部交通

晋安公园的内部交通是一处示范性的高品质绿道（福道）系统。总体设计上，晋安公园的三大部分晋安湖、鹤林生态公园至牛岗山公园的步行系统全线贯通，在途经鹤林路、横屿路、化工路等城市道路时，均利用桥下穿越，形成一个完整的步行路网，山水相连，打造了自然山水园中的特色慢行系统。主园路宽度以6m为主，局部宽度4m，兼有电瓶车游览的功能，全程无障碍通行；次园路或临溪，或滨湖，或山地拾级而行，或跨越山石汀步，形式多样，风景各异（图2-2-8）。

晋安公园作为开放型城市中央公园绿地，与周边城市道路人行道和过街通道衔接，形成非常便捷的无障碍模式。相邻化工路、鹤林路、福新路等城市东西向主要道路，均设置公园主入口，潭桥路、茶香路、龙安路等城市支路，更是将人行道和公园的园路广场紧密相接，充分体现了公园的开放性。结合公园的主要入口，设置近10处小而分散的地面停车场，不仅提供就行入园的便捷，也避免占用更多宝贵的地面空间。而为了有效解决公园停车问题，

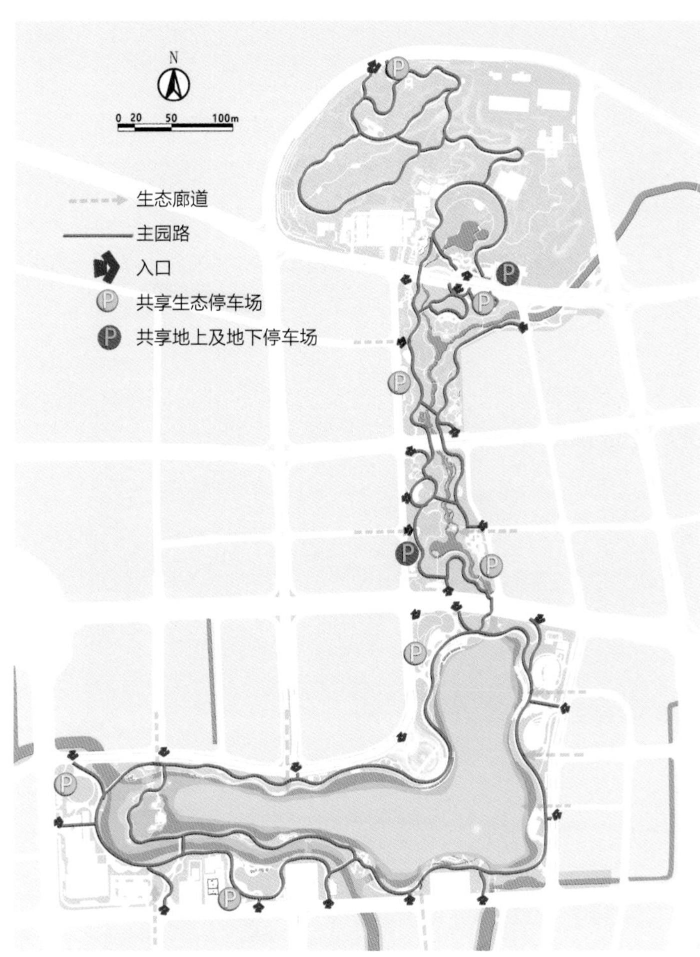

图2-2-8 晋安公园综合交通组织规划图
（来源：巫小彬 绘）

探索性地通过相邻文化、体育、商业、娱乐等公共设施的地下停车场共享使用。截至目前，规划、在建的地下停车位达1200多个，这也充分体现了共建共享的理念。

2. 外部交通

晋安公园作为城市片区中心的大型公园绿地，占地面积大，虽然提供了良好的慢行环境和可达性，但是对城市交通组织会产生一些冲突。如何在打造城市山水格局和蓝绿开放空间的同时，又能保障周边区域的各种交通组织，实现便捷、绿色和舒适的现代交通服务，是整个片区规划和公园设计需要重点思考的问题。

总体上，由于化工路以北的牛岗山公园和鹤林生态公园维持了城市路网的基本格局，通过桥下步行空间和水系的贯通，没有对城市片区的交通组织产生影响。但是化工路以南的晋安湖所在区域，为了建设具有较强滞洪防涝功能的湖体，不可避免地改变了片区的城市路网结构，因此需要开展交通组织的预测和分析评估，合理优化片区路网，降低大规模湖体建设对整体城市交通组织的影响（图2-2-9、图2-2-10）。

通过交通流量分析及与原规划方案的对比（图2-2-11），晋安湖建设取消了南北向的后浦路、谭桥路及东西向的湖塘路，使得二环路、前横路、化工路、福新路交通流量都相应增加，增加交通流量分别为单向1660pcu/h、840pcu/h、996pcu/h、609pcu/h。结果显示：后浦路作为东城区南北向的交通次干道，取消晋安湖段未来对整体的交通影响程度较大，特别是对既有通行流量接近饱和的东二环路影响显著。因此，为确保片区交通组织的合理性，也保证湖面的完整性，规划预留了后浦路下穿晋安湖的方案（图2-2-12），将来根据片区建设的时序，适时组织实施。

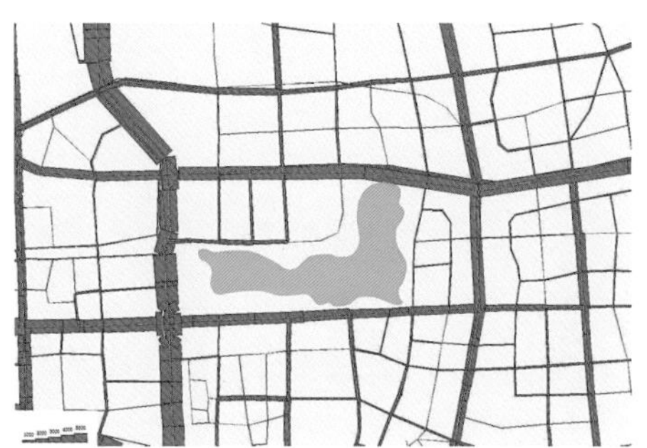

图2-2-9　路网调整后高峰小时流量分配图
（来源：季运文 绘）

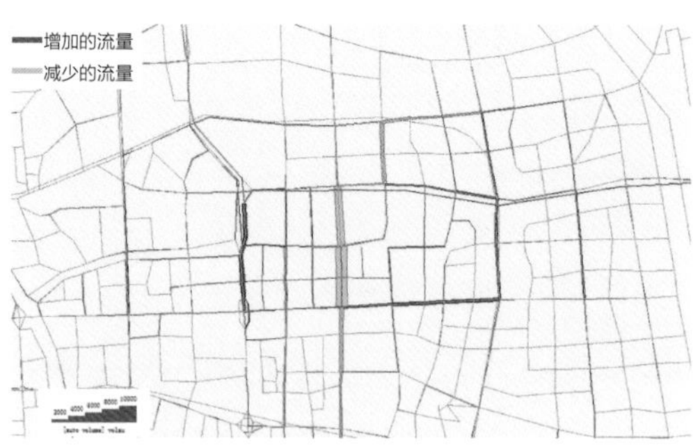

图2-2-10　交通分析评价结论示意图
（来源：季运文 绘）

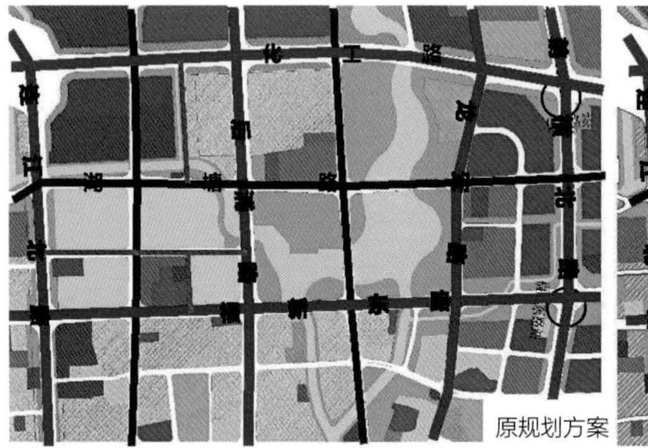

图2-2-11　片区路网规划方案调整前后对比图
（来源：季运文 绘）

图2-2-12　规划预留晋安湖下穿通道效果图
（来源：高屹 绘）

第三节　景观分区

晋安公园丰富多样的山水地貌、植被类型、区位差异，以及融合的不同城市公共设施，形成了景色各异、功能复合又各具特色的景观分区。此处既有林木茂盛的山林野趣之处，也有视野开阔的疏林阳光草坪；既有曲径通幽的花溪水岸，也有繁花落樱的绿道（福道）；既有登高望城的山顶高台，也有平湖揽月的水中长岛；既有活力激扬的摩天轮和运动风尚区，也有兼融群艺和童趣的公园文化广场；既有青年人才汇聚交流的驿站，也有留存乡愁记忆的传统建筑和古树古井。每一个分区或场所，既有依托场地条件形成的主要功能和风貌，也努力实现多元和包容，提升公园的综合活力。

晋安公园分成七大分区，通过山水绿道（福道）将各个分区有机“串联”在一起，自北向南依次为登高览胜区、活力共享区、生态绿廊区、律动乐活区、古韵花堤区、运动风尚区、乐享艺廊区（图2-3-1）。

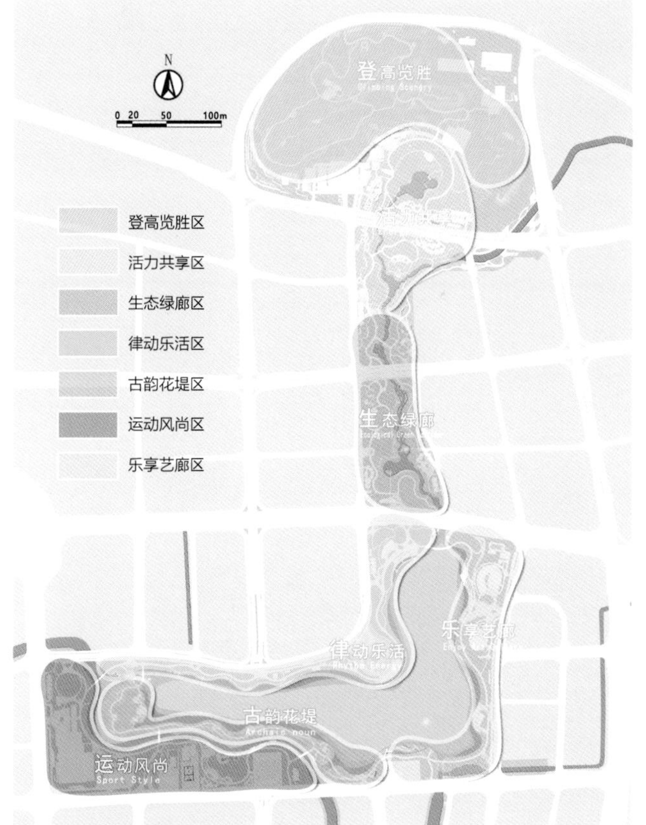

图2-3-1　景观分区图
（来源：巫小彬 绘）

一、登高览胜区

登高览胜区主要由牛岗山、弃土堆山及金狮山组成，最高点位于牛岗山山顶，总体上形成了晋安东城区的制高区域，可环视周围城区，不仅遮挡了北侧变电站的不良城市景观界面，还成为公园山水轴线的重要背景山。山上有一处市级文物保护单位——朱熹手书的“凤丘”“鹤林”摩崖题刻历史遗迹；山北还有一处宋代的蒲岭古井遗存；而山南建设一处信俗文化区，是结合鹤林和横屿片区的城市更新集中安置迁建20多处的宗祠和村庙，掩映山林中，形成一处充满乡愁记忆的人文景点。

山上园路环山而行，沿途有茉香台、赏樱台、樱香红雨、半山广场等景点，可一览晋安中央公园的绿轴全景，领略秀美湖景风光，感受山地起伏带来的徒步快感。在山顶、山腰等园路沿线重要位置增设若干观景设施，便于人们登高远眺。步道还衔接了“凤丘”“鹤林”历史遗迹，增设了小广场和紫阳亭，弘扬朱熹闽学文化（图2-3-2）。

（a）“凤丘”“鹤林”历史遗迹

（b）环山游览步道

图2-3-2　登高览胜区
（来源：高屹 绘）

二、活力共享区

活力共享区主要由鹤林路两侧的牛岗山公园和鹤林生态公园两个入口及活动区域组成，占地面积约12hm^2。该区在承载公园主入口形象的同时，设置相应的入口服务建筑、生态停车场，以满足社会需求；主入口左右两侧的科技馆和体育馆也融于公园，配套有服务餐饮、儿童游乐、人才驿站等，一应俱全（图2-3-3）。该区主要景点有雨花溪湖、乐水嘉华、福台翠阶、双溪环翠等。雨花溪湖畔是牛岗山和鹤林公园人气最集中的场地，围绕雨花溪湖设置大片疏林草地，既提供了开阔的场地，又打造了多样的活动空间。草坪两侧设置了儿童活动区、运动球场等休闲场地，衔接了东西两侧的福州市科技馆和晋安区体育馆。通过桥下穿越的步行道可达鹤林路南侧的鹤林生态公园；作为鹤林生态公园的主入口，设计上顺

（a）北向的牛岗山公园

（b）南向的鹤林生态公园

图2-3-3　活力共享区
（来源：高屹 绘）

势而为，结合地形设置半掩体生态建筑览秀楼，俯瞰双溪汇流的生态水系；结合层叠的草阶退台，设置户外小剧场。该区结合周边居住区设置相应的无障碍出入口，方便周边居民茶余饭后闲庭信步。

三、生态绿廊区

生态绿廊区为“北山南湖，一溪贯穿”的凤坂一支河生态绿廊区，占地面积约13hm^2，主要为凤坂一支河两岸绿地。该区摒弃传统河道的驳岸设计，将凤坂河水系与现状地形结合，通过丰富的竖向处理、多样活动空间的植入，营造多样的水岸生境及临水步道，让市民充分亲近水源（图2-3-4）。通过步行道合理配置儿童游乐园、青年运动场地、老年康养乐园等，以满足全龄共享的多样化需求，如科学分区大童、中童、幼童的“秋天童话”乐园，观赏草花园，结合服务建筑的户外小舞台，可放风筝、可野餐的阳光草坪，以及可一览晋安新城风貌的环秀塔。

蜿蜒水系：“北山南湖，一溪贯穿”的凤坂一支河

多样的水岸生境及活动空间

串联全园的休闲步道

可一览晋安新城新风貌的环秀塔

图2-3-4　生态绿廊区
（来源：高屹 绘）

四、律动乐活区

律动乐活区位于晋安湖的北侧，面积约7.2hm^2，紧邻湖塘西路的商业新天地，与福建最高的摩天轮爱摩轮及其商业配套无缝衔接。滨水景观空间与商业活力相辅相成，通过别致的镜面教堂、入口广场、游船码头和大面积草坪等景观设施，以及“凤耀长虹”“天瞳逐晖”两个重要节点，提供多层次的公园休闲配套设施，展现自然随性、浪漫美好的氛围，满足市民观光休闲的多种体验（图2-3-5）。商业中心的多元化创新式业态服务，延展了晋安公园的综合性功能，满足了市民观光休闲、娱乐饮食等全方面需求。

图2-3-5 律动乐活区
（来源：高屹 绘）

五、古韵花堤区

古韵花堤区包括了形似“如意”的榕荫花堤，直至福新路入口，面积约3.8hm^2。该区域保留原有茶会文化和现有古榕树，汲取周边文化的精髓，充分挖掘、提炼场地文化特征，将历史、乡愁、民俗等传统文化融于公园，彰显“城市记忆”（图2-3-6）。在湖心堤岛上设计品茶会馆，为市民提供静思、会晤、茶会等活动场所，设计了“榕荫花堤、榕心映月”等特色景点，并结合岸堤设计柳岸花堤，古色亭廊，精心搭配绿植，为市民提供休憩漫步的空间，展现花堤区古色古香的气息和古典园林的景致。

六、运动风尚区

运动风尚区位于晋安湖西侧，西临连江北路、凤坂河的西侧和南侧，面积约4.8hm^2。该区域规划集足球场、篮球场、网球场、门球场、儿童游乐区等户外场地于一地，配套多功能游泳

图2-3-6　古韵花堤区
（来源：高屹 绘）

图2-3-7　运动风尚区
（来源：高屹 绘）

馆和地下空间综合开发利用，满足市民运动、休憩、康体、娱乐等各种功能服务（图2-3-7）。公园南侧作为复合型儿童探索乐园，能够激发孩子的创造力、提高想象力，且特色鲜明的星际探索主题乐园，可以激发儿童探索宇宙的求知欲。该区域为各年龄层次的市民提供运动的场所和配套设施，营造以康体健身为主的片区活力点，将带动晋安湖公园成为新晋打卡好去处。

七、乐享艺廊区

该区域位于晋安湖东侧，面积约7hm^2，紧邻龙安路。该区设置了少儿图书馆、文化馆两大功能艺术馆，文教空间与公园互生共融，以人民为中心，打造开放性、可达性、亲民性

图2-3-8　乐享艺廊区
（来源：高屹 绘）

的公园体系，更好地体现了“公园城市”概念（图2-3-8）。结合广场、亲水平台等景观设施，“湖城盛景”下可开展多项户外文化活动。该区的服务建筑与摩天轮隔湖相互映照，亲水平台可享湖城盛景和落日斜阳，“一鉴湖城”给市民提供了极高的幸福感。此外，该区多样的植被类型和空间塑造了不同的滨水体验，体现了植物的季相变化和群落的多样性，丰富了该区域的空间景象。

第四节　重要景点

一、阳光草坪

阳光草坪位于牛岗山公园雨花溪湖北面，是牛岗山公园的重要景观节点之一。草坪面积约30000m^2，也是晋安公园面积最大的开放式空间，为公园带来了丰富的生态、空间和景观价值。草坪的设置不仅可以提高绿地率和生态效益，还为亲子娱乐、教育活动、家庭聚会提供了开阔的活动场地，拉近了人与人之间的距离，让市民在轻松愉快的氛围中互相交流。草坪选用了叶细、韧性较大、耐踩踏的草种，可踏、可跑、可躺、可玩。草坪周边分散种植的小叶榕、秋枫、香樟等乔木孤植成景，再配合群置的景观石，营造了“少即是多”的景观效果，给游客以回味无穷的体验。草坡之上，或躺、或卧、或坐的游客，可观湖景、听水声、闻鸟鸣，让人们在繁忙的城市生活中感受到大自然的温馨和舒适（图2-4-1）。

图2-4-1 亲子活动氛围浓厚的阳光草坪
（来源：王文奎 摄）

二、乐水嘉华

乐水嘉华广场为牛岗山公园的南入口广场，广场由雨水花园和植物景观构成，包括四层平台结构，平台间层层推进，巧妙利用原有地形，既满足了因地制宜的造园原则，又避免了广场形式上的单调乏味（图2-4-2）。广场毗邻雨花溪湖，于广场之上，近可观湖畔花草如茵，植物欣欣向荣；远可观群峰叠嶂，森林郁郁葱葱；碧波荡漾的湖面和绿草青青的草坡更是一览无余地映入游客眼帘。广场所命名的“乐水”二字取自《论语·雍也》的“知者乐水，仁者乐山”。朱熹在《论语集注》里对此句注解如斯：“知者达于事理而周流无滞，有似于水，故乐水；仁者安于义理而厚重不迁，有似于山，故乐山。”以“乐水”命名，不仅突出了广场濒临中心水体的特点，也蕴含着“海绵城市”的理念，更是表达了“智慧公园”的深层次含义。

图2-4-2　可观花草、可亲溪湖的乐水广场
（来源：廖晶毅 摄）

三、雨花溪湖

雨花溪湖为环湖景区的中心，湖面面积近6000m^2，整体成葫芦状。湖体的岸线柔和，以木桩护岸、草坡入水、植物过渡等方式丰富湖景的层次感和美感。正如朱熹《观书有感》所写："半亩方塘一鉴开，天光云影共徘徊。"环湖区域虽不止"半亩"，景色却如"天光云影"般自然生态。

为了营造出自然的水景氛围，保证湖水的清澈透明，同时提供一个良好的生态环境，采用了水下森林和水岸植物相结合的综合水生态修复技术，种植有梭鱼草、鸢尾、菖蒲、千屈菜、美人蕉、旱伞草、荷花、睡莲、黑藻等，通过不同地势与水生植物的搭配，形成自然生态的滨水景观，打造优美的水生花园。丰富的水生植物种类不仅改善了湖体周围的生态环境，也增加了各种生物的栖息地，如白鹭、池鹭等。位于雨花溪湖东北角的青榕栈桥因桥旁保留的大榕树而得名，是环湖区域的重要景点之一。栈桥造型曲折有致，高低错落，宛如江南园林中的小桥流水，跨越湖边一角，可近距离观赏湖中鱼、水鸟以及水下植物，为游客营造了可亲近的滨水空间和接触自然的环境景观，桥边精心保留的古榕屹然矗立，似乎诉说着这片场地的记忆（图2-4-3）。

四、童趣乐园

童趣乐园位于乐水嘉华广场西北方，是一个小型的游乐园。乐园融合童趣、自然、科普教育等设计理念，通过色彩搭配、环境布置等营造出活泼有趣的氛围。设施布局上靠近主广场和公园环形步道，空间流线清晰，方便引导游客进入（图2-4-4）。乐园以儿童成长与乐

图2-4-3　雨花溪湖及湖边的古榕树
（来源：王文奎 摄）

图2-4-4　注重儿童成长的童趣乐园
（来源：陈鹤 摄）

趣为核心，提供包含安全、互动、教育等元素的儿童游乐设施，除教育性丰富、造型新颖的特色景观小品设施外，更有趣味十足的滑梯、色彩绚丽的攀援网、充满动感的弹簧椅等儿童娱乐设施，丰富的高差变化及萌趣造型让空间形成趣味性和吸引力，兼顾了保障儿童游乐安全性和满足儿童好动的天性双重需求。乐园也让更多的“大龄儿童”在这里找寻到童年的记忆，感受无忧无虑的惬意时光。

五、弃土堆山

公园建设前，场地内长期被建筑残料和弃土无序堆填，土方数量巨大且存在较大的安全隐患。为就地消化土方，设计结合现状山形，在南北两侧坡脚采用抗滑桩进行加固。从下至上分区、分块进行场地整平密实，并结合排水系统，将这座废弃的渣土山重新利用起来，再通过植被恢复、人工造林等生态修复手段使得这座人造山体生机焕发，犹如整个晋安公园太师椅的“背靠山”。弃土堆山的山坡上树木以无患子、香樟、菩提榕、黄山栾树等乔木为主，配以开花小乔木，层次分明，疏密有致，达到了明末造园家计成所说的“虽由人作，宛自天开”的境界。这座人造山体利用其独特的“背靠山”位置，遮挡了北侧变电站的不良视线，也成为公园山水轴线不可或缺的景观背景（图2-4-5）。竞秀台位于公园绿轴之上，此

图2-4-5　弃土堆山形成了晋安公园的“背靠山”，与远山融为一体
（来源：王文奎 摄）

处可俯瞰牛岗山公园的山水格局及晋安新城的城市景观，是钢筋混凝土构建的城市中最清新的一抹绿。“竞秀”二字取意于南朝宋刘义庆《世说新语 · 言语》的诗句“千岩竞秀，万壑争流”，有山色秀丽、万木争荣之意。竞秀台处于弃土堆山的北坡高地，登临竞秀台，置身于亲切的自然中，观丛林阴翳，清溪缠绵，俯瞰甘雨车行，仁风扇动，感今古江山秀异，人烟繁富，不失为一处可从不同视角欣赏榕城的景点。

六、凤丘鹤林

凤丘鹤林景点位于牛岗山西南麓，为一处摩崖题刻古迹。南宋庆元年间（1195~1200年），朱熹避伪学至福州，受女婿黄干所托在竹屿一带讲学时，从村后登上凤丘山，在岩石上题字“鹤林”“凤丘”，并落款“晦翁”。1961年9月，“凤丘”“鹤林”四个摩崖题刻大字被认定为福州市级文物保护单位，是福州市民引以为豪和向外展示城市文化底蕴、历史渊源的重要标志（图2-4-6）。设计将文物周边场地重新整理，在半山处增设小广场、栈道、休憩亭等观景设施，便于人们登高远眺。其中，紫阳亭以朱熹的别称“紫阳先生”命名，位于牛岗山西侧的高地，视线开阔，遮挡较少，可远观落日，与“紫阳”的引申义不谋而合，以示纪念，并传播闽学文化。

图2-4-6　摩崖石刻古迹“凤丘”“鹤林”
（来源：高屹 摄）

七、古韵嘉华

随着城市的更新和扩张，晋安公园周边有许多老旧村落被拆迁，其中也包括一些宗祠和庙宇（图2-4-7）。这些建筑物是文化遗产和历史遗迹，更是乡村文化和乡愁的象征。公园将竹屿村和潭桥村两个村庄的寺庙与宗祠集中搬迁安置于牛岗山公园东北侧，这一将建筑藏于山体后侧的

图2-4-7　搬迁的古厝成为乡村文化和乡愁的象征
（来源：高屹 摄）

布局，不仅便于村民日常的民俗活动，又可统一管理，与公园互不干扰。通过搬迁古厝到公园中，既可以保护这些珍贵的文化遗产和历史遗迹，也为市民提供了了解和体验乡村文化的机会，能够更好地保留和传承乡村文化。

八、樱香红雨

樱香红雨又名樱花坡，位于牛岗山生态修复的北坡上，种植了上千株福建山樱花，是福州市较大规模的一处樱花坡（图2-4-8）。种植采用分散布置的方式，营造随意、自然的效果，形成独特的樱花景观，周边公共设施齐全，不仅邻近公园北入口停车场，还在樱花坡附近设置有公厕和休闲座椅，方便游客休憩和欣赏樱花。另外，指示牌、标识牌等导视系统，也方便游客了解公园相关信息。在夜晚，景观灯光、投光射灯等合理的照明设计，为樱花坡增加了浪漫和神秘感，也为市民提供了夜间观赏的机会。

九、双溪环翠

双溪环翠景点位于鹤林生态公园的核心区域，为牛岗山雨花溪湖与凤坂一支河交汇处。

图2-4-8　神秘浪漫之樱花坡
（来源：高屹 摄）

该景点顺势而为，结合地形设置半掩体生态建筑览秀楼于正南侧，建筑造型与跌落的地形相融合，犹如忽生于地面。近观退台草阶，层第有序延伸至水边，两股溪水环抱其中，流杯台正面远望览秀楼之屹然山立；近听溪水之流动潺潺，其周边的亲水栈道丰富了水岸景观，游客们可亲身感受溪水景观空间和触摸自然的环境景观（图2-4-9）。流杯台上设有一处云舒廊，取自《凤丘鹤林赋》的“且看云舒千鹤，海纳百川”之意。步入云舒廊，视野开阔，两岸地形起伏错落有致，水岸孤置的乌桕点缀其中，与若隐若现的览秀楼相对成景。

十、花溪荟芳

在鹤林生态公园之中，凤坂一支河自北向南穿园而过。曲溪如细丝般婉转，潺潺流淌，唤醒了整个公园的生命力。沿着溪流漫步，仿佛置身于一幅流动的山水画中。水流与石头碰撞的声音，清脆悦耳，如同大自然的交响乐。两岸的水生植物特色鲜明，挺拔的芦竹、摇曳的美人蕉、绽放的鸢尾以及各种沉水、挺水植物，共同构成了亲近自然的水上花园（图2-4-10）。这些植被不仅美化了环境，还提升了生物多样性——水鸟在水中觅食，鱼儿在水中穿梭，小松鼠在两岸林间跳跃，随处都可以感受到自然的力量和生命的节奏。

图2-4-9　双溪环翠
（来源：高屹 摄）

图2-4-10　花溪荟芳
（来源：高屹 摄）

图2-4-11　堆坡筑成艺术之丘（来源：廖晶毅 摄）

十一、艺术之丘

鹤林生态公园溪流两岸竖向丰富，利用河道开挖的土方堆筑坡地，时高时低，呈现出大地艺术之美。在公园高处的草坡上，不仅可以看到整个公园，还可以观赏到日落时分的壮丽景色，城市在夕阳的映照下显得格外迷人，仿佛被披上了一层金色的光辉（图2-4-11）。绿色的草地上点缀着五颜六色的花朵，与夕阳的金色光辉相映成趣。人们可以在草坡石阶上静静地坐下，享受此刻的宁静和美好，感受到大自然与城市的壮丽和神奇。

十二、秋天童话

秋天童话景点位于鹤林公园横屿路北侧入口，是占地面积约4000m^{2}的儿童主题游乐园（图2-4-12）。周边配置以秋色叶景观植物为主，塑造起伏的地形，因势布置错落有致的趣味游乐设施，营造空间及视觉效果的变化，结合趣味色彩铺装，使广场更加时尚美观。秋天童话乐园的下沉空间，不仅有趣味十足、新颖独特的“方糖”小品，更有适合儿童的滑梯、攀援网、沙坑等娱乐设施，满足儿童们活泼好奇的天性，同时也可以锻炼团队合作意识。乐园边的知秋廊架形如叶片，有“观一叶而知秋”之寓意，为游人提供遮风避雨的空间。

图2-4-12 趣味游乐的“秋天童话”
（来源：王文奎 摄）

十三、芳草留音

芳草留音景点位于鹤林公园横屿路南侧入口，主要由观赏草花园和留音舞台两个景点组成。观赏草花园占地面积约2200m^2，以墨西哥羽毛草为主的观赏草花园搭配微地形设计，可以让孩童们踩着木桩小路游弋观赏花园。羽毛草花色微白，叶片细长如丝，微风吹拂翩翩起舞，观赏性极佳。留音舞台背倚枕碧楼，环以植被青葱，阔中有隐，隐在阔后，正面视线开阔，台地草阶搭配小叶榄仁留出视线空间，次第有序，层次丰富。以台地草阶的形式提供户外音乐、舞蹈等使用的观演空间，闲暇游客可休憩、迎风会友，驻足则眺望远处溪岸线曲折有序，置石自然跌落，环境优美，于清新愉悦环境之中乐享户外活动（图2-4-13）。

图2-4-13 台地草阶为市民提供观演空间
（来源：廖晶毅 摄）

十四、晋安览秀

晋安览秀景点位于鹤林生态公园的南入口，主要以位于公园南部中心景区的环秀塔为核心，环秀塔塔高21m，秀景环视，景点分布有序，远景错落有致，近景层次分明，故得“环秀”之名。坐拥葱茏万木，俯瞰公园秀色，周边植物设计四季有景，色彩纷呈（图2-4-14）。登塔可环视公园盛景，北望牛岗山之俊秀，南瞰晋安新城之旷达，作为市民登高望远的观景服务设施，满足游客的新奇览胜需求，并成为景区标志性构筑物。

图2-4-14 新奇览胜之环秀塔
（来源：廖晶毅 摄）

图2-4-15　晋安湖公园北入口广场
（来源：廖晶毅 摄）

十五、临湖品城

临湖品城景点为晋安湖公园北主入口广场，是园区的核心入口之一。广场视野开阔，西侧的配套服务建筑与草坡相连，东侧紧邻凤鸣桥，主入口景石标志鲜明，构成了巧妙的障景，引人入胜（图2-4-15）。广场铺装样式以水纹图案构成，与形态不一的绿植半岛交错，聚散有序、空间丰富。广场南侧与湖体交界处为游船码头预留了亲水平台，利用台阶高差设计休憩空间，为市民近距离在湖畔纳凉赏景提供了场地。植物景观设计巧妙多姿、高低错落，以孤植古榕为主景，同时可远眺宽阔的湖面形成开敞空间，绿叶随风摇曳，动静结合，水天一色。

十六、凤鸣长虹

凤鸣桥又名引凤桥，桥身、索塔线宛如凤凰展翅，夜幕下的引凤桥与湖面交相辉映，如浴火凤羽般耀眼灵动，有引凤来仪、群英荟萃、创栖福州之意，体现了福州海纳百川、有容乃大、求贤若渴之心。桥梁与青鸾广场串联，增加了游客的游览体验。其夜景设计，增加了雾森效果，丰富了游客的视觉体验，提升了该节点的意境，使该节点与摩天轮、两个文化馆相互呼应，方圆结合，丰富了公园的天际线，共同凸显公园的特色品质。桥面之上，也形成了观看整个晋安湖和丰富的环湖城市轮廓线的最佳观赏点（图2-4-16）。

图2-4-16 如凤凰展翅的凤鸣桥
（来源：高屹 摄）

十七、天瞳逐晖

该节点为晋安湖十景之一，夜幕时分北望此点，星月灿烂下摩天轮踏霓虹而升，如天瞳逐月（图2-4-17）。该节点的商业天地和滨水空间无缝衔接、纵向贯穿，多元化创新式的业态服务提升了晋安湖公园的综合功能。摩天轮与游船码头的协同设计，将公园的活力扩展到湖面，使市民可领略日月星辰、湖景余晖之美，提升了市民的幸福感和参与感。同时，摩天轮的夜景设计，华灯初上，仿佛与月齐肩，洁白的明月与闪烁的

图2-4-17　摩天轮踏霓虹而升如天瞳逐月
（来源：高屹 摄）

灯光遥相呼应，光辉倒影在湖面上，波光粼粼，缥缈迷离，呼应了“天瞳逐月”的意境。

十八、叠韵听风

叠韵听风景点位于晋安湖公园西北入口的流韵广场，南侧是一处临湖水吧，造型似“三角钢琴”，层层叠落至亲水平台，结合场地丰富的竖向空间设计，构成多维的景观体验（图2-4-18）。建筑搭配室外音乐为周边居民提供轻松宜人的游憩空间，且具有音律般的流动感，是晋安湖园区北线的重要景点之一。广场南向视线尤为开阔，可在叠韵台中一览湖面风光、亲水娱乐，也是当代风尚的品茶观月最佳地。场地四周有不同特色的植物群落和供人活动的林荫草坪空间，搭配古榕，于台之上，微风拂过，绿意盎然，舒展身心，倍感心旷神怡。

图2-4-18　叠韵听风临湖水吧
（来源：高屹 摄）

十九、榕心映月

榕心映月景点位于晋安湖堤岛结合的西端，其意境来源于杭州西湖之“三潭印月”，湖中有岛、岛中有湖。堤如链、岛如珠、湖如心，交相辉映，引人入胜（图2-4-19）。该景点是福州“茶会村”的旧址，就是八百多年前福州古城的茶叶制作之地。节点的设计巧妙地运用了大湖小湖独特的位置和形状，为游客提供了多样的观湖体验。节点设置“博轩雅明”，游人可穿游其间休憩赏景，可东望鼓山日出、西看爿湖映月。轩廊设置有舒适的休憩区，供游客休息以及观赏湖景，让人们在湖景之间感受自然的美丽与宁静。

图2-4-19　榕心映月“湖中有岛、岛中有湖”
（来源：王文奎 摄）

轩廊围合之内的榕心湖片植莲花，通过曲折的园路、折桥将人们引入花丛，观鱼、品茶、赏荷，景观与文化的融合丰富多彩。池塘西侧区域通过堆坡筑亭，营造堤岛瞭望高地。亭中可向东眺望鼓山，远观摩天轮与城市风光遥相呼应，近看湖水波光粼粼，周围树木婆娑，景观不仅与周边的现代城市环境相融合，还成为人们流连忘返的独特景点，为城市增添了文化底蕴和艺术魅力。

二十、榕荫花堤

榕荫花堤以福兴路晋安湖石牌坊为起点一路往西，牌坊造型沉稳大气，古韵古色，游客川流不息仿佛再现古时茶场风貌。沿着花堤一路西行，堤岛设计形似如意，沿着湖岸蜿蜒而行，堤岛两侧通过水闸将内河通道与景观湖体分隔，利用内河补水与排水，保证湖体的水位，岛上绿树、花草与湖岸完美地融合在一起，形成了一道绿意盎然的屏障，为游客提供了遮阴纳凉的场地（图2-4-20）。沿堤而行，可观晋安湖南北两岸与远处的摩天轮城市景观。堤岛上设置有长廊水榭，样式古朴典雅，游客可在其内休憩。现状保留三株古榕，犹如三位故友，合聚成团，蔚为壮观。大榕树下增设林下广场，活动空间丰富，周围绿树成荫，游人在此休憩娱乐，纳凉交谈。沿堤还种植了较多的观花乔木和水岸花境，走在堤上可以欣赏湖岸边植被的绚烂色彩，感受到自然的生机与活力。通过将自然美景与人文氛围相结合，为游客提供了一个远离喧嚣、静享悠然的空间。

图2-4-20　堤岛形似如意，古榕、花草与湖岸相融合
（来源：王文奎、高屹 摄）

二十一、星际寻梦

为响应国家针对建设儿童友好城市的政策，晋安湖儿童乐园作为福州市儿童友好公园试点之一建成开放。场地位于晋安湖南入口，是一处以星际寻梦为主题的儿童乐园，园内各类体验设施16项，占地7000m^2，旨在打造一处拓展儿童想象力、提升儿童创造力的主题乐园。星际寻梦主题乐园从儿童角度出发，结合星际探索故事线，将星际探索乐园划分为初入星际、星际探索、星际沙丘、星际航站、时空穿梭五个板块，以不同的星际主题打造充满儿童想象力的乐园，满足功能需求的同时，给儿童带来更多的探索，让儿童对未知事物充满兴趣，激发儿童探索宇宙的求知欲，不仅能玩得乐趣盎然，还能增加成人的参与度，增进亲子感情，在儿童内心埋下一处星际探索的种子（图2-4-21）。

图2-4-21　星际寻梦儿童友好乐园
（来源：高屹 摄）

二十二、湖光杉色

湖光杉色景点由独特的生态岛杉林之景而得名。曲折的栈道将生态岛与陆地相连，成片的落羽杉、池杉错落其间，搭配水边多种湿生植物和景观置石，构成丰富多彩的植被空间，营造出宁静祥和的氛围和多样的季相变化，尤其以秋季季相最为美丽。生态岛自然生态，通过设置步道、创意设计的观景台和休闲设施，可供游客散步、观赏和停留，近距离了解、感受杉林之美与平湖沼泽的自然美，远距离与湖对岸的摩天轮交相辉映，享受湖光之美（图2-4-22）。

图2-4-22　杉林步道及其创意构架
（来源：高屹、王文奎 摄）

二十三、一鉴湖城

一鉴湖城为晋安湖东南侧核心景点，其中观景视野绝佳的大众茶馆为景点核心建筑，游人居上可一览晋安湖景，同时是欣赏爱摩轮的最佳位置。据明万历年《福州府志》记载，东湖在府城东北二都。宋庆历中，囗塞，至淳熙间，则尽为民田矣，今乡人犹有湖塍之号。“塍”意田地，过去的农田已旧貌换新颜，又与“城”同音取之“湖城”(图2-4-23)。鉴为明镜之意，一鉴湖城意在以史为鉴，品忆晋安湖的前世今生。该区域配套双层观景服务型建筑大众茶馆，是游客饮茶会友、观湖赏景、品鉴美食的综合服务型空间。

图2-4-23　饮茶会友、一鉴湖城
(来源：高屹 摄)

二十四、湖城盛景

湖城盛景以福州市文化馆和少儿图书馆为核心，是晋安湖公园东北侧的重要集散空间和文化活动中心，承载着该区域的群众文化活动。场地空间开阔、视野优越、绿植丰富，构成简约大气的文化活动空间，不仅体现了活跃自由的气氛，也展现了新时代福州海纳贤才的城市精神面貌。其与凤鸣桥构成鸾翔凤集、凤栖山湖之意，体现出该区域对文化教育氛围的精心营造，同时与对岸的摩天轮交相呼应，呈现湖城盛景。亲水平台将游人目光引至开阔的湖面，退台式阶梯将水陆景点有机联系在一起，使游人观景效果更加全面、多视角感悟盛世之美（图2-2-24）。

图2-4-24　湖城盛景与摩天轮交相辉映
（来源：王文奎 摄）

第三章

山水重构与古今传承

来源：高屹 摄

汪菊渊先生提到中华民族所特有的、独创的园林形式是“中国山水园”，其内容和形式也是“随着历史的发展，在不同的时代，由于社会生活、文化艺术、审美意识等不断演变而变化的，一定时期的园林都是在一定历史条件下，在前人的形式及其内容的基础上的”①。掇山理水是中国传统山水园林重要的造园手法之一，在有限的园林范围中形成丰富的山水空间变化，也营造了丰富的立地小环境。虽然掇山理水是传统园林设计的主要手法，但是在现代园林中，我们应当如何挖掘其内涵？如何寻找传统与现代之间的传承？如何统筹城市生态保护修复？如何协调水利基础设施建设？如何通过更好的理念和工程技术措施去传承和发扬掇山理水的理论知识？这些都是值得探索的地方。福州本身就是一座典型的山水城市，山水空间也已经成为福州古城历史人文景观中最重要的格局。当代福州城市的发展过程中，尤其是类似晋安公园规模较大的城市蓝绿空间建设，也应当继承传统山水园的特色，注重保护和构建城市的山水格局，突出山水城市的特点。

第一节　城市的山水格局

一、福州城的山水格局

福州至今已有2200多年的历史，以“城在山中，山在城中”和“城绕青山市绕河”而被称为我国山水城市的典范。吴良镛院士认为福州城“建筑结合自然条件的空间布局，堪称绝妙的城市设计创造”，将其誉为“东方城市设计佳例之一”②。

古代福州选址建城非常重视山水格局，体现了传统的堪舆理论和古人适应自然、融入自然的过程与方法。公元前202年，汉高祖复封无诸为“闽越王”，统管闽中故地，无诸在冶山一带，建立一座城作为王都，称“冶城”，为福州城垣之始；西晋太守严高在越王山（屏山）南麓建城，称“子城”，又于城外开挖了东、西二湖，灌溉农田，在子城虎节门外开挖护城河，基本奠定福州山水城市格局的雏形；唐天复年间（公元901～904年）王审知在子城外环建筑周围20km的大城——“罗城”，北面以冶山为全城制高点俯瞰全城，南面以安泰河为限；梁开平二年（公元908年），王审知于罗城外围扩“夹城”，把屏山、乌山、于山三个制高点都围在城中；北宋开宝七年（公元974年），福州刺史钱昱出于加强防御目的

① 汪菊渊．中国古代园林史［M］．北京：中国建筑工业出版社，2006.

② 吴良镛．寻找失去的东方城市设计传统——从一幅古地图所展示的中国城市设计艺术谈起［C］．建筑史论文集，2000，12（1）：1-6，228.

又增筑东南夹城，称“外城”，城市的范围逐渐扩大；明洪武四年（1371年），由驸马都尉王恭负责主持，在夹城、外城的基础上用坚石砌修、重建了城垣，成为明清时期的“府城”（图3-1-1）。从冶城到府城都，福州皆被山体围合，形成层次分明的山城格局，颇为符合堪舆学说中的形式论法。

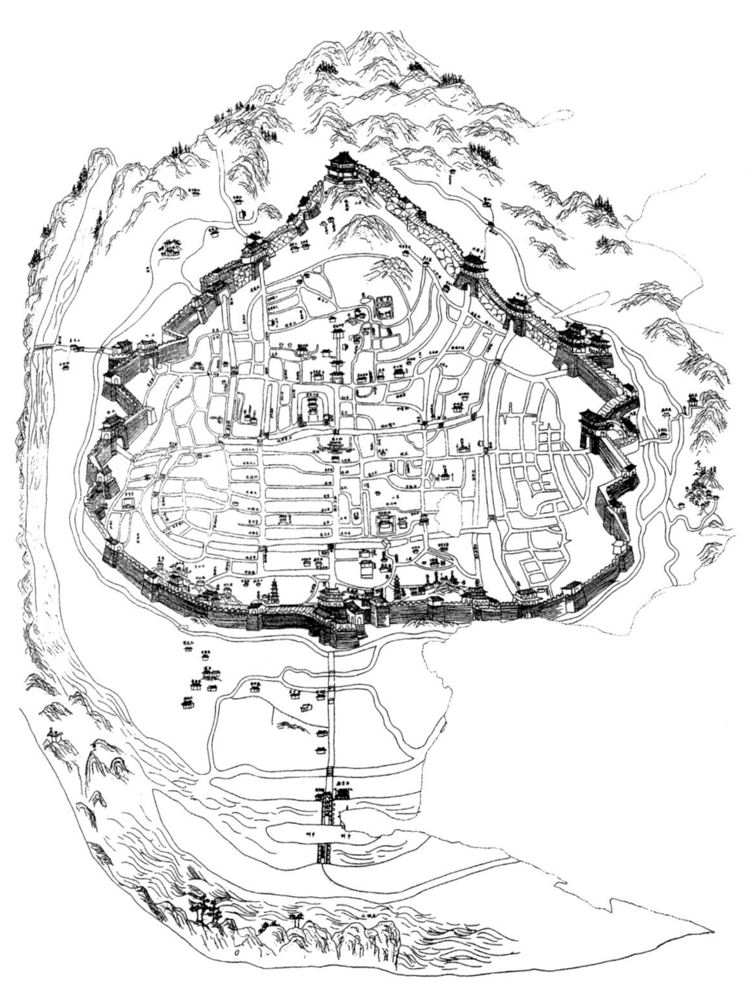

图3-1-1　清代福州的城市格局［来源：王树声．中国城市人居环境历史图典．福建、台湾卷中的《福州城图（摹绘）》，吴良镛先生提供，原图绘于清嘉庆二十二年（1817年）］

由于福州平原历经由海湾至平原的演变，故存有大量的湖泊、沼泽和河流，历来水系发达。历史上有东、西二湖，成为重要的滞洪调蓄之地，让古城免受山洪和咸潮的侵袭。晋代的子城、唐代的罗城、五代梁的夹城、宋代的外城直至明清的府城，城外均凿有护城河，城垣的扩筑让这些护城河逐步成为福州古城的内河，城市格局具有很强的延续性。宋代《三山志》记载，福州区域有超过200条河流，有“城绕青山市绕河”“水到门前即十洲”等描绘。宋代龙昌期《三山即事》诗中写道：“百货随潮船入市，万家沽酒户垂帘。苍烟巷陌青榕老，白露园林紫蔗甜。”当时福州城区水系基本可以分成西部白马河水系、东部晋安河水系和南部近江滩涂水系三个部分。这些自然水系和人工水系共同构成了福州古代城市水环境。

明代王世懋在《闽部疏》中评价福州形胜：“天下形势，易辨者莫如福州府，诸山罗抱，龙从西北稍衍处过行省，小山坐其中，乌石、九仙（即于山）二山东西峙作双阙……大江复从南稍折而东北，南台江水合之，汪洋弥漫，东下长乐入海，其山川明秀如此。”福州历朝历代选址、建城、扩城均围绕着自然山水展开，成为中国古代“山—水—城”的典范。

当今福州城的发展已经远远超出了古城的范围，在这个城市化过程中，既有一定程度上对福州山水和古厝的保护和再认识，也有如同其他城市类似的问题，在经济飞速发展，向现代化迈进时，骤然失去了它原有的风采①。近二十年，福州大力推动历史文化名城保护，大量的福州古厝、古典园林、传统街巷、历史风貌区得以保护和活化利用，有的成为福州的城市名片，古城三山和冶山等重又还山于民，一定程度上恢复了福州山水城市和历史文化名城的特色。但是在新城建设过程中，福州是否也能致敬中国传统山水城市营建的精髓，建设新时代的城市山水格局，以推动城市的高质量发展？

二、新城的挑战与山水重构的机遇

晋安公园所在的东城区是福州东扩最邻近主城区的片区，西至东二环路，东邻鼓山风景区和鳝溪景区，北与登云水库相连，西北部有金鸡山、罗汉山。该片区在唐五代以前仍是一片水域，随着海岸线南退，平原围垦加速，到了宋代这里已是一片农田。早在千年之前就有人踏足于此，唐末天下大乱，原本生活在中原一带的商氏一族跟随王审知入闽，在此定居千年。这里地势较低、河流水系发达，有很多村庄名含有“屿”，前屿、后屿、竹屿、横屿等。屿，顾名思义，为水中的岛屿，显示着这里的村庄多位于低洼地带中的一些小山包边。清代荷兰人绘制的福州古城图中的东部清晰可见这些山体（图3-1-2），如牛岗山、金狮山、横屿山、谭桥山等。其中，金狮山和牛岗山在宋代曾是福州的游览胜地，据明万历《福州府志》记载：“凤丘山，去城五里而近，有朱熹大书‘鹤林’二字，又‘凤丘’二字，北连蒲岭，俗名婆岭，南迤逦际江，宋彭耜修真于此，鹤林其号也。”

但是，之前近半个多世纪，东城区作为福州的工业区以及城郊接合部，多为工业厂房、仓库、农田及村庄用地，基础设施不完善，蓝绿空间破碎化，是福州整体品质较为落后的片区之一。21世纪初，福州市开始推动东城区建设，2010年之后进入快速发展时期，期间对于该片区的规划几易其稿。历稿规划中，既有以常规的功能比例配置为导向的一般性土地利用规划，也有地产开发为主的高强度建设方式，但蓝绿空间始终处于配角地位，多为散落的山林地、仅满足排洪要求的干渠化内河沿岸，以及作为高压走廊和高速路等的防护绿地。2007年，东城区开展了整体城市设计和分区规划，首次在规划中提出将山林地和水系整合统筹，打造东城区的中央公园（图3-1-3）。本次规划为东城区建设方向奠定了框架基础，也为山水空间格局的优化提供了机遇。

在这样一个快速城市化的时代背景下，如何重新审视山水空间？汪菊渊先生提到“中国山水园”的内容和形式也是“随着历史的发展，在不同的时代，由于社会生活、文化艺

① 吴良镛．寻找失去的东方城市设计传统——从一幅古地图所展示的中国城市设计艺术谈起［C］．建筑史论文集，2000，12（1）：1-6，228.

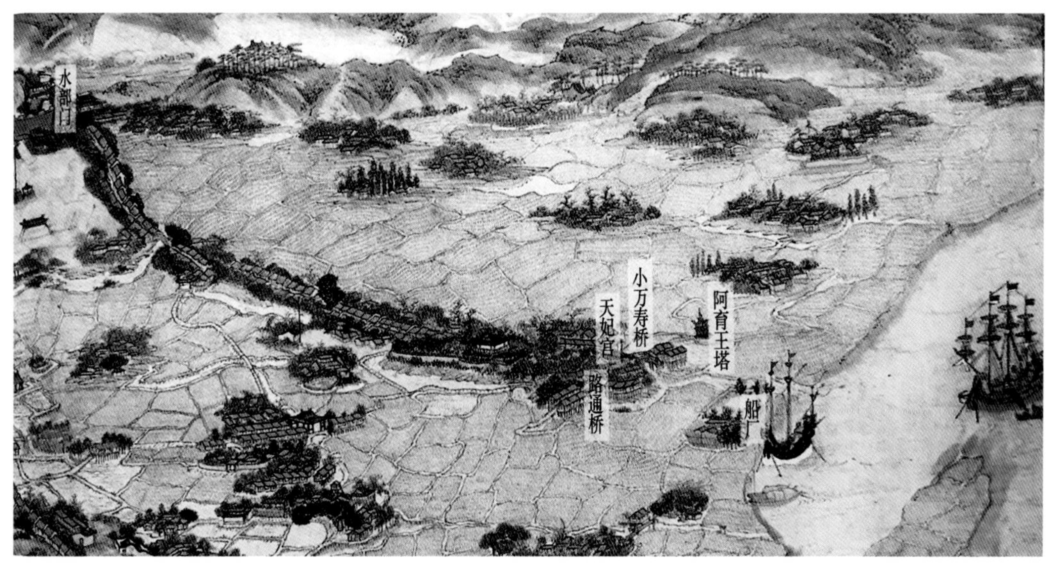

图3-1-2 清康熙年间的福州府城东部景观图（1686年）
[来源：清康熙二十五年福州府（局部）．荷兰阿姆斯特丹博物馆馆藏]

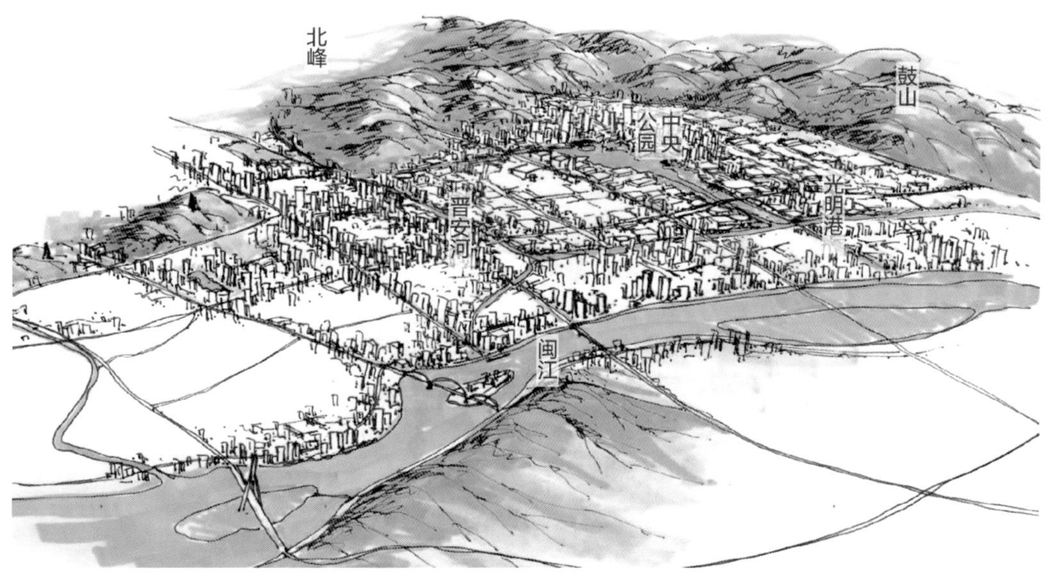

图3-1-3 2007年福州东城区分区规划概念方案草图
（来源：杨清焰 绘）

术、审美意识等不断演变而变化的，一定时期的园林都是在一定历史条件下，在前人的形式及其内容的基础上的”[①]。在现代园林设计中，既要汲取中国传统山水园林的精华，又要建立在当代城市建设发展的需求上。我们应当如何挖掘传统山水园林内涵？如何寻找传统与现代之间的传承？如何统筹城市生态保护修复？如何协调防洪排涝等城市基础设施建设？如何通过更好的理念和工程技术措施去传承和发扬叠山理水的理论知识？这些都是值得我们探索的地方。

第二节 传承发展，古今同构

中国传统园林在漫长的3000多年历史发展长河中，始终秉持着人与自然和谐生存的宇宙观，沿着自然山水园林的风格绵延发展、演变，并在前进过程中不断吸纳外来的优秀文化，并坚守着中国固有的文化基因。当代社会风景园林的服务对象从为少数人服务转化成为公众服务，从单一尺度转化为全尺度，形态从园林、庭院等简单形态转化为包括国家公园和自然保护地、绿色基础设施、城市设计等在内的丰富多样的形态。中国的风景园林也必须完成从传统到现代的转型，才能适应工业文明和生态文明共同发展的新时代要求，才能充分发挥风景园林学在生态文明中的巨大潜力，才能满足目不暇接的实践需要[②]。

晋安公园设计意在继承传统园林文化，同时直面中国风景园林设计的现代化转型，从中国传统园林内在体系、造园手法和审美理论出发，提取其中与现实场地、功能相适应的部分，在现代城市公园里重现传统山水意境。

现代园林不是无源之水、无本之木。在众多的理论研究与实践经验中可以发现，中国传统园林的本质与精华，并不会因时代的转变而过时，甚至它们具有很强的“现代性”，可以在不同思想的碰撞过程中转化为当下设计的理论源泉。施奠东先生将中国传统园林的丰富内涵和内在构建体系总结为“天人合一”的哲学观、“虽由人作，宛如天开”的艺术创作思想、“巧于因借，精在体宜”的营建理法、“收合开放，起承转接”的布局原则，还有“望得见青山，看得见绿水，记得起乡愁”的生态文化理念以及“诗意栖居”“美丽中国”的终极目标，这是对中国传统园林之本质的深刻阐释[③]。对应当今晋安公园这样的城市大型公园绿地建设，具有很重要的指导意义。

---

① 汪菊渊. 中国古代园林史［M］. 北京：中国建筑工业出版社，2006.

② 杨锐. 论风景园林学的现代性与中国性［J］. 中国园林，2018，34（1）：63-64.

③ 施奠东. 在中国风景园林的延长线上砥砺前进［J］. 中国园林，2018，34（1）：20-27.

一、“天人合一”的哲学观

在中国近古哲学中，“天人合一”概念由宋代的理学家张载明确提出，而后从程颐、程颢到王夫之、戴震均对此进行了深入的阐释，其最基本的含义就是肯定“自然界和精神的统一”①，将世间万事万物都纳入一个有机的整体，认为人、自然、社会是不可分割、互相影响、互相对应的有机整体。这一观念进一步深刻影响了文人对山水的醉心和向往，对中国传统园林的影响主要体现在对“人工”与“天工”关系的理解上，形成独具一格、寄情山水的山水文人园。更进一步，可以将其理解为当今生态文明新时代强调的“人与自然的和谐统一”“山水林田湖草”作为一个生命共同体的理念。

二、“虽由人作，宛自天开”

“虽由人作，宛自天开”见于《园冶·园说》，是统领全书的总纲，19世纪末就已经产生了世界性的影响。“自然”这一概念在中国哲学、美学史上具有极高的地位，《老子》所谓“人法地，地法天，道法自然”，自然具有至高的本体论意义，万物皆从中幻生出来。因此，中国传统园林营造活动中重视自然、顺应自然、因地制宜，追求“无目的的目的性”、不见人工的“人工性”这一中西方一致认同的哲学美学最高境界②。

三、“巧于因借，精在体宜”

“巧于因借，精在体宜”是《园冶·兴造论》的总纲，囊括了中国传统园林内、外两个面向的美学精髓和营建理法。借景是园林向外求景，所谓“借景”有因，意味着要有所因凭，且借的不只是远近、俯仰的全方位静态空间与景物，还包括抽象的时间中的景象，如晨曦月色与四时之景，因而“景到随机”，具有根植于环境的灵活性和适应性。“精在体宜”是指得体和宜，恰到好处，主要是对园林内部从宏观布局到微观布置，从平面到立面，从室内到室外，还包括建筑的尺度、景物的关系等，涉及从整体到细节美感的精确把控，每一部分都保持着其应有的“度”，审慎地保持着特定的界限，共同组成各司其职的和谐整体，是兴造最难能可贵之处。

---

① 张岱年. 中国哲学中“天人合一”思想的剖析［J］. 北京大学学报（哲学社会科学版），1985（1）：3-10.
② 金学智. 园冶多维探析［M］. 北京：中国建筑工业出版社，2015：84，89.

四、“收合开放，起承转接”

“收合开放，起承转接”可以理解为中国传统园林设计在上述总纲之下，对具体形式章法、规律之重视的体现。章法意为文章整体的结构与布局，清代钱泳曾指出“造园如作诗文，必使曲折有法，前后呼应”，所讲的就是造园模仿诗文的格式。所谓诗情画意，是指中国传统园林在诗文绘画的影响下，发展出了很多经典的意境理法，例如作为东方造园不可或缺理法之一的叠山理水，常以“三远”之景为理论指导，由此产生虚实之韵、旷奥之趣，营造出园林空间变换与丰富的意境，亦为山水审美开拓了一个新境界。

五、“望山、看水、忆乡愁”和“诗意栖居”

在几千年的中国人居环境和风景营造过程中，已经形成了一些理想人居和经典山水城市范例，如吴良镛先生在山水城市讨论会中提及的福州的“三山鼎足而立”、常州的“十里青山半入城”、桂林的“城市山林自郁葱”等①；如今，“望得见山、看得见水、记得住乡愁”，“诗意栖居”更是城市化进程中应当充分认识、理解和追求的目标，更是当代城市绿地系统建设需要担负的使命。

在园林创作方法上，孟兆祯院士在《园衍》一书中以《园冶》为理论基础对中国传统造园理论作了更加系统的当代阐释。孟先生从《园冶》中蕴含的设计序列出发，将其归结成以“借景”为中心的“设计六法”，即“明旨、相地、问名、布局、理微、余韵”，而借景作为中心环节与每个环节构成必然的依赖关系②，将中国传统园林的设计理法由意象化的骈文与当代园林设计逻辑相结合，为中国传统园林的“现代化”提供了创作的方法指导。

在具体的山水意境营造上，已不局限在“一峰则太华千寻，一勺则江湖万里”的咫尺山水的造园手法，但是“随形就势、削低垫高、引水成池、筑土为山”依旧可以在当代城市尺度下寻得，使城市公共开放空间也具有传统山形水势的美学，达到“山无止境，水无尽意，山容水色，绵延不尽，富有天然之趣”的境界。

这些都对晋安公园及其所在城区的山水格局的认识与重构、蓝绿空间的系统整合、游憩场所和风景的营造，以及乡愁和文脉的传承产生了影响，贯穿在了整个公园的规划设计过程中。

---

① 吴良镛. “山水城市”与21世纪中国城市发展纵横谈——为山水城市讨论会写［J］. 建筑学报，1993（6）：4-8.
② 孟兆祯. 园衍［M］. 北京：中国建筑工业出版社，2015.

第三节　筑山理水

晋安公园的设计传承中国传统园林筑山理水精华，在城市空间布局的大视角下，以现状山体、水塘、河道等自然元素作为片区生态基底，重新识别和重构城市的山水骨架，通过“筑山理水”的造园手法，形成“北山南湖，一溪贯穿”的自然山水园格局，并且通过远借鼓山北峰之势，续其余脉，将“北山南湖”的城市山水中轴线跨越牛岗山直达北峰，融入到福州大山水格局之中。

一、筑山

牛岗山和金狮山是晋安公园北山的两座独立小山体。西侧的牛岗山较为陡峭，海拔82.9m，东侧的金狮山海拔49.9m，两座山体中间为低洼坑塘。随着鹤林片区城市更新步伐的加快，在2014～2016年，市政道路和体育场馆施工导致牛岗山和金狮山大部分山脚遭到强烈破坏，形成大量坡度大于75° 的陡坎，局部为直立式混凝土挡墙，破坏了山体的整体面貌（图3-3-1）。

同时，山体被周边地块开发产生的渣土弃土、建筑垃圾和部分生活垃圾等堆填，堆填高度为10～30m，体积约500000m^3。由于渣土弃土成分复杂，堆叠方式无序，导致山体地质安全隐患突出。此外，受2016年台风暴雨等影响，山体北侧和东侧局部堆填较陡的坡面处已存在开裂现象，对坡脚已建和在建的建筑安全也产生威胁。另外，场地内多处存在凹坑积水池塘，尚存的古榕在这样的环境中受到威胁。

对于如此一处山体破碎、地质安全隐患突出的生态受损场地，又面临着“废弃土方不得外运”的要求，如何消纳这500000m^{3}的渣土弃土并利用得恰到好处，如何巧妙地对山体进行修复和改造，成为公园设计首先面临的挑战。

图3-3-1　建设前牛岗山周边自然生态遭到破坏
（来源：高屹 摄）

中国传统的理想人居景观格局为“背山面水，负阴抱阳，藏风聚气”。所谓“背山面水，负阴抱阳”，就是指基址北边有主峰，即中轴线的北端有山体作为屏障，呈“靠山模式”；左右有次峰，山上要保有丰茂的植被，前面有弯曲的水流；水的对面还有“案山”“朝山”作为对景；人居环境的基址正好处于山水环抱的中央，地势平坦且有一定的坡度（图3-3-2）。中国传统的文人山水画还常以画论解释叠山技法，并以画谱直接指导叠山艺术。宋代郭熙《林泉高致》写道：“山有三远：自山下而仰山巅，谓之高远；自山前而窥山后，谓之深远；自近山而望远山，谓之平远。”又写道：“山近看如此，远数里看又如此，远十数里又如此，每远每异，所谓山形步步移也。山正面如此，侧面又如此，背面又如此，每看每异，所谓山形面面看也。如此是一山而兼数百山之形状，可得不悉乎?”最后，还需远观有势，近观有质。“势”指山水的形式及山水的大轮廓；“质”指布局合理，细部处理精巧，于平正中出奇巧，宛若天成①。

应用上述中国传统文化中对山的方位认识以及文人山水画论，结合现场情况反复推敲，团队提出了晋安公园北部山体的筑山方案：充分利用场内500000m^{3}的废弃渣土进行山体地形塑造，填补牛岗山和金狮山之间的低洼谷地，使两山相连，以此构成一座东西面宽约800m，总体呈现“C”形太师椅状的山体，使得公园“负阴抱阳”，呈现“镇山模式”——山形完

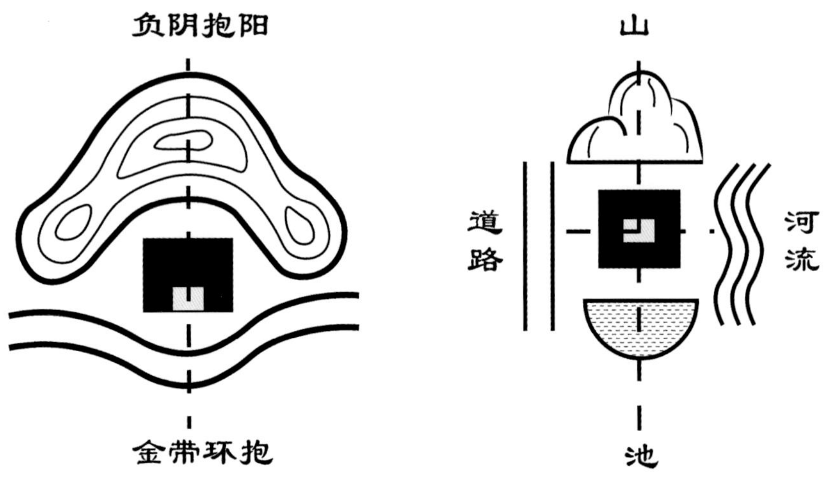

图3-3-2 中国传统人居环境选址模式图
（来源：邱小平 绘）

① 胡洁，吴宜夏，吕璐珊. 北京奥林匹克森林公园山形水系的营造［J］. 风景园林，2006（3）：49-57.

整、山峦起伏、谷脊分明，山形如屏扆，成为全园的视觉中心，并以此控制全园的关键制高位置；山脊如牛背，稳居全园中轴线北端作为“主山”（图3-3-3、图3-3-4）。

在山体塑造上，呈南缓北陡、西高东低之势，整体富于变化，山的阳坡面提供了更大的活动空间和观景层次，并提供了不同高度和视角的多样览城观景方位。考虑到山体与周边建筑和环境关系、地质结构、土方工程量等因素，将两山之间堆土高度控制在40m左右，近可俯瞰公园绿廊，尺度合宜；远可眺五虎山，视线开阔。总体竖向坡比控制在8%～25%，最大坡度不超过30%，低于土壤自然安息角。此高度略低于现状牛岗山和金狮山山体，形成鞍部，并逐渐向南缓坡放坡至雨花溪湖，可以平缓地消纳高差，宛若天成，极大地丰富了

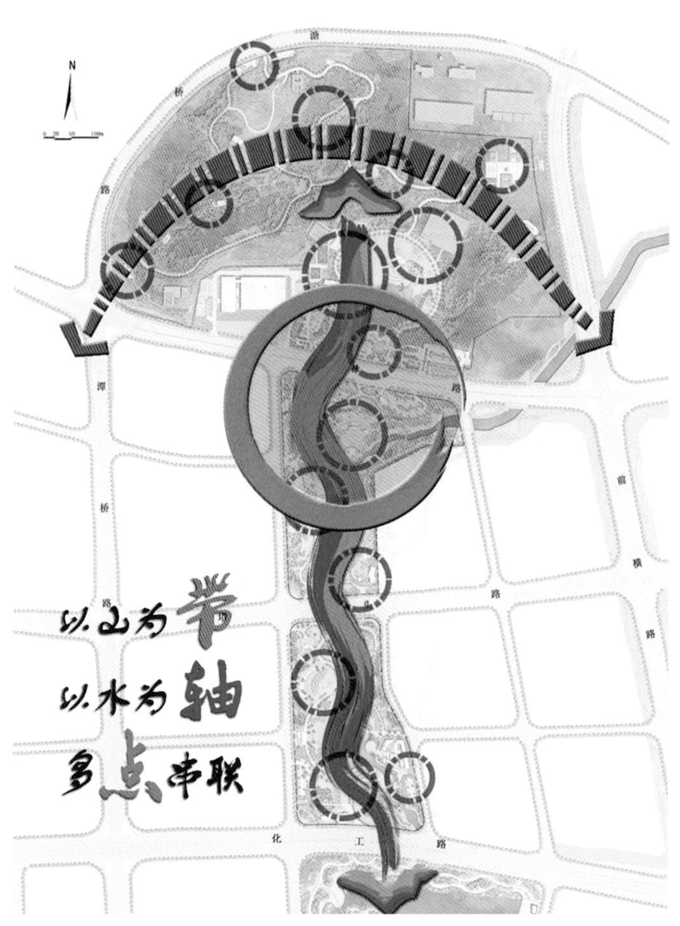

图3-3-3　牛岗山作为中轴线北段的靠山
（来源：巫小彬 绘）

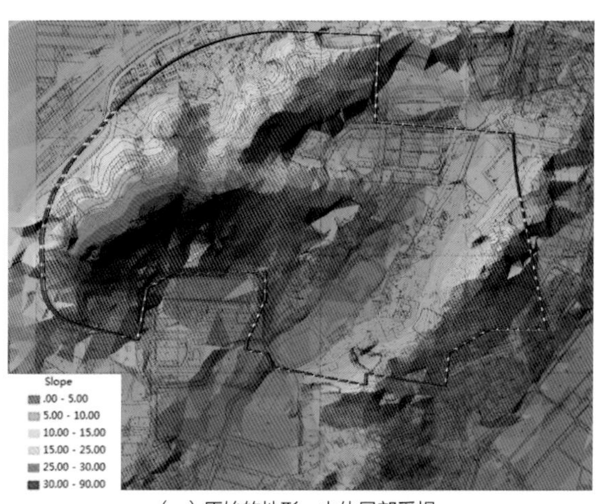

（a）原始的地形，山体局部受损

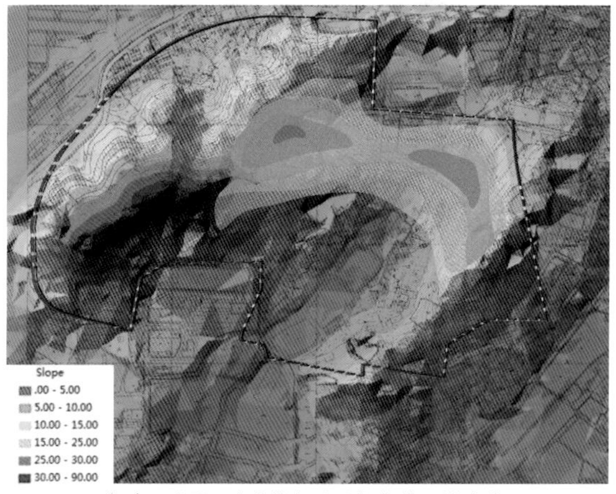

（b）示意图：弃土堆山后形成“C”形的山体

图3-3-4　牛岗山山体修复和弃土堆山前后地形示意图
（来源：方雄斌 绘）

图3-3-5 弃土堆山作为“障景”与周围城市空间的剖面关系示意图
（来源：邱小平 绘）

公园内部的地形地貌，也形成了晋安公园面积最大的山前缓坡草坪区。而受到市政道路和建筑施工影响的边坡陡坎，通过近自然的生态修复措施，采用因地制宜的工程加固技术和多年生木本固坡植物，逐步恢复郁郁葱葱的边坡，重现山体风貌。

这座人造山体不仅构筑了公园的北靠山，还利用“障景”设计巧妙地屏蔽了北侧的铁路、沿线较为杂乱的城区和约30m的变电站建筑。从鹤林路和牛岗山公园入口处北望人造山体，纵深约280m，呈1：8的仰角，正好与城外北峰远山连为一体，犹如北峰群山的余脉，深入到城市之中，成为公园山水轴线的重要景观背景（图3-3-5）。自山下而仰山脊，可见错落有致的绿屏；自山前而窥山后，可遥看连绵北峰；自近山而远望周边，则可望福州“城在山中、山在城中”的大观与新城蓝绿中轴线（图3-3-6、图3-3-7）。宛若“太师椅”的山体于南坡天然形成缓坡大空间，成为公园人气最旺的区域（图3-3-8）。设计充分结合场地特征，保留水塘及两株古榕，修复水塘岸线，不仅起到一定的滞洪作用，还改善了小气候环境。结合古榕打造的平坦开阔的草坪空间，在提高绿地绿率的同时，又为居民游憩提供了开阔的活动场地。山水之间虚实变化、高低不同、步移景异，景观空间一气呵成，实现“虽由人作，宛自天开”。

在人工筑山和山体修复的过程中，以结构安全为重要前提，尤其确保高填方山体的结构稳定要求。公园弃土堆山和山体生态修复也是福州市城市双修的重要实践范例，这部分做法将在本书第四章中详细介绍。

二、理水

晋安公园的水系由凤坂一支河、凤坂河和两河汇合处规划的滞洪湖体组成，其中凤坂一支河上游为山地，高程较高，现状河道宽度约15m，规划蓝线32m，自北向南流经多个厂

（a）250m视高可见山北的变电站、高速和高铁

（b）80m视高仅可见山北少量建筑顶

（c）人视视高则屏蔽山北的建筑，与远山融为一体

图3-3-6　不同视高下牛岗山山体和周围城市的对比视线关系
（来源：陈鹤、高屹、王文奎 摄）

图3-3-7　自人工筑山的观景台南望城市中轴线和摩天轮
（来源：王文奎 摄）

图3-3-8　山脚下的草坪空间成为公园人气最旺的地点
（来源：王文奎 摄）

区、村庄，平时水流较小；凤坂河为东城区的主要行洪河道，规划河道蓝线宽度30m，西接化工河、晋安河，南接光明港。根据福州市水系综合治理和防洪排涝的相关规划，拟在凤坂河和凤坂一支河交汇处规划一处库容1500000m^{3}的滞洪湖体，缓解片区内涝。晋安公园的“理水”是在水利规划的基础上，结合现状山形水势，运用传统理水手法，营造空间更丰富、类型更多样的水景，既符合水利规划的技术要求，又具备山水园林特色，在形成整体联动的生态体系的同时，构建一处蓝绿融合的重要生态廊道。

明代邹迪光在《愚公谷乘》所说：“园林之胜，惟是山与水二物”，说明园区需有山有水。宋代郭熙的《林泉高致》不仅对于山的画法有着“三远论”的高度概括，对山水画中的另一主角“水”也着墨甚多，尤其强调水透明、流动的特质所形成的灵动变化与层次感。《园冶》还提出“疏水之去由，察水之来历”是造园理水的先决条件。孟兆祯先生认为：“水之三远为阔远、深远和迷远，并由此产生虚实之韵，旷奥之趣。”阔远——关乎聚散，追求空阔无边、高远无限的审美意境；深远——关乎景深的厚度与层次，意在重重叠叠、森森神秘之境；迷远——关乎空间的起伏聚散，虚实藏露，强调蜿蜒曲折、扑朔离迷的境界[①]。在设计层面，“随曲合方，得景随形”指的是随自然地形、地貌的地宜和结合人工建筑布置来布局水体类型与平面形态，体现在“曲中有方，方中有曲，曲方相应”的平面布局关系，以及通过“直”的简洁干练与“曲”的灵动蜿蜒形成丰富多样的水景空间基础[②]。而在精神层面，水景的“随曲合方，得景随形”则体现了中国传统园林人与天调、追求人工与自然和谐统一的造园哲学。

1. 凤坂一支河

凤坂一支河是典型的山溪型河流，上游仅约3.77km^{2}汇水面积，坡降比较缓约0.5‰～1‰，平时水量较少，50年一遇洪峰流量为45m^3/s。同时，由于北侧牛岗山的生态修复和人工筑山，也形成了约13hm^{2}的汇水面积，成为凤坂一支河的一个补充水源。通过上位规划的调整，原规划的“U”形干渠式河流和宽150～250m的鹤林生态公园融为一体，具备了城市内河自然式理水的基础条件。

通过水文计算和反复优化缓坡型河流断面，将防洪标高隐藏于两岸后退的竖向地形中，并通过扩大过洪断面，将洪峰流速降低至2m/s以下，并在水岸采用植被和置石相结合的生态驳岸。这样使得河流既扩大了行洪能力，又提供了滞洪空间，为自然式山水园创造了更多可能性，这也意味着河流岸线可以设计成弯曲、生态、自然的形式，蜿蜒穿过公园（图3-3-9）。

---

① 孟兆祯．园衍［M］．北京：中国建筑工业出版社，2012.

② 陈云文．中国风景园林传统水景理法研究［D］．北京：北京林业大学，2014：90-98.

图3-3-9　生态水系蜿蜒穿过公园
（来源：高屹 摄）

这一溪流“随曲合方，得景随形”，充分与公园空间塑造相结合。牛岗山山前环抱的雨花溪湖，承接了片区的地表径流，成为山地海绵的雨水花园，溪水之源头，山水相映成趣，映衬牛岗山和水边的古榕、古厝（图3-3-10）；湖水流经鹤林路桥下，溪涧跌跌宕宕，在桥洞的回音放大作用下，犹如颐和园寄畅园的八音涧之效果。雨花溪湖之水和凤坂一支河上游之水于览秀楼前汇成一湖面，并一路向南，忽而宽、忽而窄；忽而缓流、忽而跌落，蜿蜒变化，与两岸起伏地形相得益彰，形成溪、泽、岛、潭、滩等众多形态（图3-3-10～图3-3-12）。沿线水生植物丰富多样，形成了大大小小的生物群落，花木照水，疏影横斜，见得了鱼儿欢，听得见游禽鸣，虽由人作，宛自天开，也为生物多样性提供了不可多得的水岸空间（图3-3-13）。

2. 晋安湖

“就低挖湖，就高筑山”是晋安公园山水重构的基本途径。晋安湖为凤坂河和凤坂一支河联合交汇的低地，按照水系规划的要求，拟建设湖面面积约36.67hm^2，实现1500000m^{3}库容，以缓解片区的防洪排涝压力。如何在传承前人智慧的基础上，结合现代的技术手段，实现更好的生态、美学和社会价值，成为可以影响城市山水结构，重构城市空间形态的重要绿色生态基础设施，是晋安公园理水追求的更高目标。

图3-3-10　山水环抱的雨花溪湖成为凤坂一支河的源头之一
（来源：高屹 摄）

图3-3-11　雨花溪湖下游近自然的山溪
（来源：王文奎 摄）

图3-3-12　溪涧跌宕起伏，重塑自然之美
（来源：王文奎 摄）

图3-3-13　丰富多样的自然水岸形态
（来源：王文奎 摄）

在确定湖体规模之后，对湖体的形态进行了深入研究。为了能够寻求水体与晋安公园以及整个城市合宜的关系，设计从湖体形态、尺度、理法等渠道着手，寻找最为适宜的“理水”之道，也助力晋安湖在滞洪防涝的实际功能上可发挥更大作用。通过对国内外多个著名城市的湖体案例进行系统性地收集、整理和分析，归纳出影响湖体观景体验的各个因子，包括观湖进深、观湖面宽、天际线、周边建筑功能与高度影响、路网关系等（图3-3-14），为本项目的湖体布局提供了数据基础。经过反复推敲，最终设计主湖面呈“L”形，南北方向进深为680m，与北侧的牛岗山及北峰形成轴线对景（图3-3-15）；东西面宽达到1100m，向东呼应鼓山（图3-3-16）。如此，湖面不仅与山呼应，也取得了与周围城市建筑高度1：3～1：5相宜视角的水面尺度，同时留下了一定的腹地，为市民提供了充足的滨水空间和最佳的观湖视角。

中国传统理水强调层次、大小、形态的丰富变化，并常常以堤、岛、桥等分隔水面，也有“虚实之韵，旷奥之趣”，还常见湖中三岛，寓意“一池三山”理想环境的布局，如杭州西湖、北京颐和园昆明湖、济南大明湖等，就连福州历经千年的西湖也不例外。

晋安湖若仅仅是一处滞洪水库，就失去了营造具有诗情画意之山水园林的千年时机。湖体设计同样强调“随曲合方，得景随形”，整体湖形犹如中国传统文化中之“如意”之形，与周围的广场、道路、河流、建筑等相适应，自然蜿蜒、收合开放、起承转合，也与

湖体名称	湖体面积(hm^2)	观湖角度	观湖进深(m)	观湖面宽(m)	观湖视距(m)	视角内建筑高度(m)	视距与标志建筑高度比	总体观湖感受
纽约中央公园ramble湖	7.1	A	260	140	370	40~90	4：1	★★★★☆
		B	170	350	270	40~90	3：1	★★★☆☆
		C	140	50	1140	120~300	3.8：1	★★☆☆☆
上海世纪公园镜天湖	12.5	A	350	430	710	85~110	6.5：1	★★★★★
		B	450	250	1150	50~90	12.7：1	★★★★★
		C	440	40	710	40~90	7.9：1	★★★☆☆
福州西湖	30	A	380	150	400	55	7.3：1	★★★★★
		B	650	450	480	110	4.3：1	★★★★★
福州琴亭湖	14.6	A	320	110	150	100	1.5：1	★★☆☆☆
		B	500	140	240	100	2.4：1	★☆☆☆☆

图3-3-14 湖体尺度及周边城市及界面数据分析
（来源：高屹 绘）

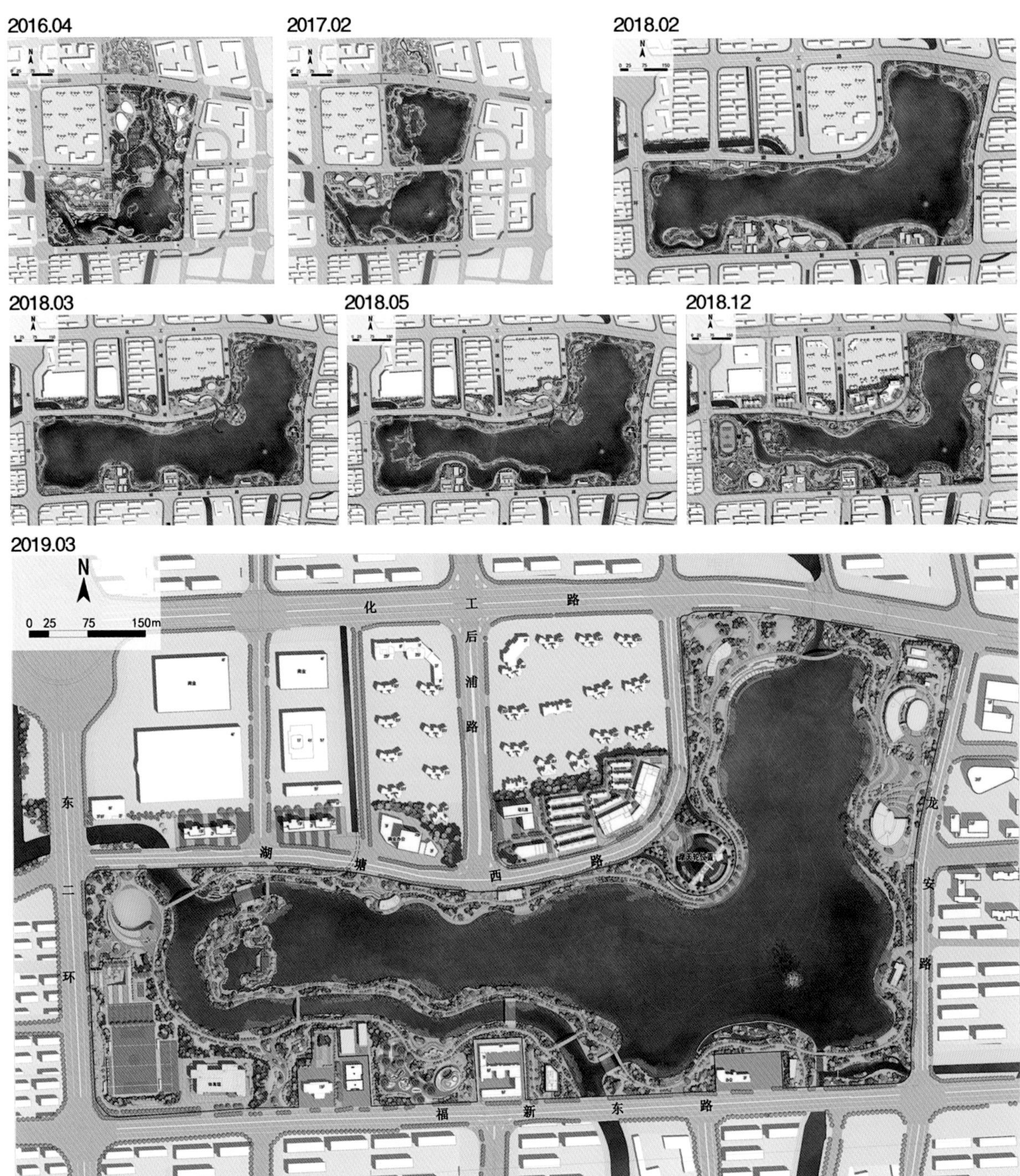

图3-3-15　湖体方案的多轮推敲比选
（来源：高屹 绘）

图3-3-16　与周边环境相宜的湖面尺度
（来源：高屹 摄）

图3-3-17 “河湖分离”晋安湖水位的灵活调控
（来源：王文奎 摄）

湖畔图书馆、文化馆、摩天轮相映成景。此外，为提升晋安湖的滞洪、防涝、调蓄能力，有效管控水环境质量，巧妙地设计了“榕荫花堤”分离晋安湖湖体与凤坂河，实现排洪河道与滞洪湖的“河湖分离”，通过长堤之上的闸坝联合调度，用信息化手段实现灵活的水位调控（图3-3-17）。河湖分离不仅通过长堤划分了水面空间，还通过形态和水岸的布局变化，使得水面与长堤形成了“双如意”格局，也寓意“好事成双，吉祥如意”。湖中榕荫花堤，亦堤亦岛；西端一处榕心湖，莲叶红花、曲桥临水；湖边还有一处高岗望山，与博雅轩水榭高低呼应；这岛上既可见得了湖光潋滟、山色空蒙，又可闲坐小憩、品茗古韵茶香（图3-3-18、图3-3-19）。这湖中有岛、岛中有湖，恰有杭州西湖三潭印月之韵，也正如

图3-3-18　利用榕荫花堤实现“河湖分离”
（来源：高屹 摄）

图3-3-19　榕心湖边的观澜轩
（来源：高屹 摄）

乾隆《如意湖》的诗前序："山庄胜处，正在一湖。堤堰桥横，洲平屿矗，隐映亭榭，境别景新。此则曲岸若芝英，故以如意曰之。"

第四节　重构山水大观

晋安公园的筑山理水、山水重构，形成"北山南湖、一溪贯穿"的山水格局，这不仅是一个简单的延续传统空间意向中的空间布局，更是融入当代城市生态环境建设的科学内涵，是生态修复、海绵城市、绿色生态基础设施建设与中国传统人居环境营造理论相结合的探索，深深地影响了福州城市山水格局。

一、重构福州江北城区"东、西两湖"的格局

福州自晋子城后近千年有东、西两湖伴随古城左右，作为城市重要的滞洪区域和水利工程。沧海桑田变化，东湖早在南宋便逐渐淤积成陆，尽为农田，但现在早已城市化，仅留一些地名如"洋下、湖滕"等，两湖仅剩西湖留存至今。虽然晋安湖所在区域不是历史上的东湖所在地，但该片区曾经为海湾，千百年来逐渐成陆，作为农田水网存在。在当代城市化进程中，由于地势较低，该片区依旧是内涝水患之地。重构晋安湖，与西湖东西相望，既是缓解片区水患之压力，也在空间上再现了福州"东、西两湖"的格局。

二、确立片区的城市轴线和山水格局

晋安公园确立了福州中心城区东片区的城市轴线和山水格局，南北向构建了北峰—牛岗山—晋安湖的城市山水轴线，通过控制向南的城市高度，视线可直抵五虎山（图3-4-1、图3-4-2）；东西构建由晋安湖直达鼓山的城市山水轴线，作为未来晋安湖以东福兴片区城市发展的重要廊道（图3-4-3、图3-4-4）。如此以晋安公园为核心的南北、东西两大山水视廊，将奠定东片区城市的基本骨架，所以晋安公园也被称为福州版的城市中央公园，而且是具有山水园林特色的中央公园。

三、构建城市重要的绿色生态基础设施

晋安公园是东城区的重要风廊、水廊、绿廊，也是城市重要的绿色生态基础设施。晋安

图3-4-1　福州中心城区东片区的城市轴线和山水格局
（来源：高屹 摄）

图3-4-2　晋安湖北望牛岗山城市山水轴线
（来源：王文奎 摄）

图3-4-3　由晋安湖直达鼓山的城市山水轴线
（来源：王文奎 摄）

图3-4-4　观澜轩东望鼓山
（来源：王文奎 摄）

图3-4-5　作为绿色生态基础设施的山水轴线——鹤林公园段
（来源：高屹 摄）

公园南北长2.3km，东西最宽的1.4km，鹤林公园段最窄处也有180m（图3-4-5），构建了完整的生态本底，有山、有水、生境多样、植被丰富，公园中有“屏扆之山、融城之湖、映花之水、灵动之岸、活力之岛……”公园不仅是空间格局的重要廊道和轴线，也是福州城市重要的通风廊道，是奠定片区良好生态环境的重要绿色生态基础设施。围绕于此，集聚的各类城市文化、体育、科教、旅游等设施，进一步强化了功能的复合性，也成为活力集聚的地带。

第五节　山水中的历史锚点

晋安公园在重构山水格局的过程中，依旧呵护着文脉的传承。能望得见山、看得见水，也注重乡愁的保留，在自然山水园中强化了人文资源的保护和活化利用，让“古今”在新城的中央公园中继续对话。中国的风景园林发展历程，就是一部自然山水与人文景观紧密相连的历史。当代的风景园林不仅从造园理念、艺术手法上传承中外造园的精髓，古今同构、中外同构、科艺同构，也需要在山水和蓝绿空间中，保护传承好这些历史信息。

晋安公园所在片区虽不是福州的古城所在，但自宋代以来，散落在农田阡陌中以“屿”为代表的各个村庄延续了千年，讲述着厚重的历史，也留下了诸多的历史人文资源。但是在快速城市化的过程中，这些遗存逐步湮没于高楼大厦和网格化的街道中，一些宗祠庙宇也面临着城市化而需要的搬迁或整合。公园对碎片化的蓝绿空间进行规划的统筹整合，面对着零散的山水资源进行重新挖掘、整理和活化利用，让这些人文资源成为当代城市山水格局中的“历史锚点”。

结合晋安公园的山水重构，通过不同的途径，让这些不同的历史遗存和记忆留在山水间：一是古迹人文景点的保护利用，二是乡村民俗建筑的重新布局，三是古树名木的保留保护。

图3-5-1 “鹤林”“凤丘”摩崖题刻
（来源：高屹 摄）

一、古迹遗存

1. 摩崖题刻

摩崖题刻为利用天然的石壁以刻文记事的石刻，其不但具有丰富的历史内涵和史料价值，而且许多摩崖石刻为政治家或文学家所题，书法精美，具有珍贵的艺术价值。同时，这些不同年代、不同民族文字的摩崖石刻，或富于天然之意趣，或体量巨大、气势恢宏，或为名家手笔，为秀美的自然风景增加了深厚的人文内涵，同时也是重要的旅游资源。

晋安公园内有两处摩崖题刻，分别为“鹤林”“凤丘”（图3-5-1），其历史可以追溯到1000多年前，理学大师朱熹在这里的岩石上题字并

图3-5-2 紫阳亭
（来源：高屹 摄）

落款“晦翁”；这两处摩崖题刻在1961年被列为福州市第一批市级文物保护单位。此处的摩崖题刻保护展示，结合山体边坡修复，巧妙设置平台石阶，在主园路边布置小广场和引导标识，建紫阳亭，形成一个以摩崖题刻为主题的景点，让这几乎湮没于山林之中的重要人文景观，重新回到游人的视线中（图3-5-2）。

2. 古井

水井与人类生产生活息息相关，是古代城乡聚落中的重要空间构成要素之一，是地方重要的公共交往空间，是民俗生活和地域文化景观的重要承载空间，还是城市历史文化和景观的重要“锚固点”，“家乡”的代名词——“背井离乡”一词也道出了中国人对“井”的特殊感情。

晋安公园所在的鹤林片区，是福州市现存宋代古井最为集中的片区，有十余处。晋安公园中有一处古井遗迹名为蒲岭宋井（图3-5-3），井始建于北宋，为砖石结构，井栏用整块花岗石凿成圈状，外壁与井边石水盂外壁均有刻字，井台石水盂外壁有“大观三年”纪年题刻，井边佛龛台基阴刻“宣和三年”重修，井边另有长方形佛龛石构，内供一佛像石刻。公园设计结合蒲岭宋井的保护，巧妙设置牛岗山公园北向入口，依山拾级而建一处公共小广场，重现村里打井取水时人们可以“东家长、李家短”的市井场景（图3-5-4）。

图3-5-3　蒲岭宋井遗迹
（来源：高屹 摄）

图3-5-4　围绕古井设置的公园北入口节点
（来源：高屹 摄）

二、宗祠和民俗文化区

宗祠，又称祠堂、家庙等，不仅是氏族文化的表现形式，也是氏族认同的情感纽带和精神纽带。随着城市化进程的推进，部分村民的居住地发生了变化，导致村民原有的联系逐渐分散。但是，作为民俗文化的重要组成部分，宗祠仍然承载着文化传统和情感，具有文化规约、社会认同、心理安慰与心灵净化的功能，成为乡愁记忆的重要载体。因此，切实保护、传承和发挥宗祠聚落的文化价值是确保宗祠聚落彰显独特文化价值和魅力的必要条件。为此，需保持尊重和耐心的态度，妥善处理好传统宗祠与公园之间的和谐共存问题。

随着城市化进程的推进，鹤林片区、谭桥片区中原有的村落已被城市高楼替代，祠堂也受到了很大的影响。借公园设计之契机，将周边村庄的宗祠就近安置成了必然。设计过程中，项目组多次与村民商讨安置事宜，结合村民的各方诉求，整合原有零散在各处的宗祠，以村为单位，统一规划地块安置，并将宗祠包装为灰瓦白墙的福州传统园林建筑掩映于山林之中，仿佛一处遗留的传统风景建筑群（图3-5-5）。这一做法既满足了各家宗祠的私密性，也保证了公园整体风貌不受影响。

图3-5-5　宗祠建筑掩映于山林之中
（来源：高屹 摄）

三、古树大树

古树经历岁月的轮回，宛如一位老者静观人世事的沧海桑田。作为大自然的瑰宝，古树是“活文物”，延续了美丽乡愁的篇章。在园林景观建设中，古树不仅是名胜古迹的佳景之一，还是研究自然科学的重要资料：树木复杂的年轮结构，蕴含着古水文、古地理、古植被的变迁史，对片区的树种规划有很重要的参考价值。

古树景观并不是孤立的，其区位是整体景观营造的重要因素之一：或是长于水边，立于陡坡；或是在建筑院落中，作为建筑的背景，两者相互映衬。

榕树是福州市市树。北宋时期，太守张伯玉倡导“编户植榕”，使福州“满城绿荫，暑不张盖”，自此有了“榕城”的美称。公园内现存三株古榕树，四季常青、枝繁叶茂、雄伟挺拔、生机盎然，有“独树成林”的大气之势，俨然公园的精气神所在。

公园古树保护因地制宜，充分发挥了古树的造景作用。第一株古榕树位于牛岗山主入口，在原设计中与市政道路相冲突，考虑到移植对榕树的伤害，通过对非机动车道的改道与树木成长空间的预留，实现了古榕树的就地保护，建成后的公园主入口也因为这一地标式的古榕树而增色添彩。古榕树静静伫立于此，目送一批又一批的游客来去（图3-5-6）。第二株古榕树屹立于公园湖畔，结合栈道设计，与湖面相映成趣（图3-5-7）。第三株古榕树结合宗祠古建筑（安东侯祖殿）一同就地保护，通过梳理游览步道线路为其成长预留出满足安全距离的腹地。环抱着安东侯祖殿的它，慢品人间烟火色，闲观万事岁月长（图3-5-8）。

图3-5-6　非机动车道为保留古榕树而改道
（来源：高屹 摄）

图3-5-7　临水栈道与古榕树相映成趣
（来源：高屹 摄）

图3-5-8　古榕树环抱古厝
（来源：高屹 摄）

除三株古榕树外，晋安公园原场地中有大量榕树行道树，经历几十年的生长已成参天大树，颇有榕城“暑不张盖”的气势。公园设计上巧妙保留位于榕荫花堤上的大榕树群，使其成为晋安湖中的风景佳处，游人可于湖中榕荫下感受湖光城色（图3-5-9）。由于滞洪湖体开挖，无法原地保留所有榕树，但仍通过高标准的就地就近大树移植与精心养护，将每一株榕树都打造成为晋安湖公园的主景树，塑造了“榕树下的公园”之特色（图3-5-10）。

图3-5-9　榕荫花堤上的大榕树群
（来源：高屹 摄）

图3-5-10　榕树下的公园
（来源：高屹 摄）

第四章

弃土筑山与山体修复

来源：陈鹤 摄

晋安公园的山水重构，形成了“北山南湖，一溪贯穿”的总体格局，重新塑造了东城片区的山水结构。晋安公园的山体塑造，不是传统意义上的掇山置石：这里既有原有山体的保护，又有受损山体的修复，还有利用大规模的废弃渣土填筑的人工山体；设计既要塑造符合风景美学和山水格局的山形地形，又要保障山体结构的安全稳定。晋安公园的筑山，是当代的环境岩土工程技术和山体生态修复技术的综合运用，是工程技术和造园艺术的结合。

第一节　场地条件

一、山体受损及地质情况

晋安公园北部的牛岗山和金狮山，原为典型的两个独立小山屿，但是在快速城市化建设的过程中，原有山体和植被环境已被严重破坏，满目疮痍。一方面，因建筑及路网市政设施的建设，形成了许多开挖和削山受损破坏，多处存在高陡边坡，边坡高度不一，存在地质隐患，需要进行修复加固设计；另一方面，山体周围又无序堆砌了大量周边建设的弃渣弃土和少量生活垃圾，局部堆填高度为10～30m，估算总弃土方达到500000m^3，局部堆填较陡坡面存在开裂现象（图4-1-1、图4-1-2），造成了场地相邻的重要建筑和基础设施如晋安体育馆、东郊变电站等安全隐患。

根据地质勘探资料，该堆填场地上部主要为近期堆填的各种弃渣弃土和部分生活垃圾，有杂填土、淤泥质填土和杂填土，总厚度10～30m，各层堆填的时间不等，组成成分复杂，如下：

①$_1$杂填土（Q_4^{ml}）：杂色、灰黄色，湿，松散—稍密为主。主要为人工堆填的黏性土，并夹有建筑垃圾、碎石、块石等硬杂质，硬杂质含量大于25%，硬杂质粒径一般为5～50cm。新近堆填，堆填时间少于三年，未经压实，土质均匀性及密实度均较差，厚度为1～8m，局部可达15m。

①$_2$淤泥质填土（Q_4^{ml}）：灰黑色、杂色，湿—饱和，松散状态。主要成分为淤泥或淤泥质土，由少量建筑垃圾、碎石、块石等组成，该层的硬杂质含量占6%～8%。新近堆填，堆填时间1～3年，未经压实，土质均匀性较差，厚度为1～10m不等，局部可达18m。

①$_3$杂填土：浅灰、灰黄色，稍密状态为主，局部呈中密状态，很湿，均匀性较差；主要由黏性土、建筑垃圾、碎石、块石等组成，该层的硬杂质含量约占35%。堆填时间5～10年，稍压实，土质均匀性及密实度较差，厚度为2～7m。

这些弃渣弃土的下部为福州典型的山地坡体岩土层，有②粉质黏土、③坡积粉质黏土、④残积砂质黏性土、⑤全风化花岗岩、⑥砂土状强风化花岗岩、⑦碎块状强风化花岗岩和

图4-1-1　场地内堆砌弃渣弃土的现状
（来源：郑俊清 摄）

图4-1-2　牛岗山山体破坏现场
（来源：郑俊清 摄）

⑧中风化花岗岩，地质稳定性较好，也为后期的山体填筑提供了较好的承载条件。场地内近期堆填的表层填土和原场地各主要岩土层的分布和计算参数如表4-1-1所示。

场地内主要土层和岩层的分布及计算参数 表4-1-1

类别	容重（kN/m³）		压缩模量	天然抗剪		饱和抗剪		承载力容许值（KPa）
	天然	饱和	$E_{s0.1-0.2}$（MPa）	黏聚力（KPa）	摩擦角（°）	黏聚力（KPa）	摩擦角（°）	
①$_1$杂填土	17	17.5	2.5	12	12	10	10	60
①$_2$淤泥质填土	16	17	1.97	12	8	10	6	45
①$_3$杂填土	18	18.5	3.5	15	15	12	12	70
②粉质黏土	19.68	20	5.37	37.14	16.01	28	12	180
③坡积粉质黏土	18.88	20	4.89	30.52	17.12	24	14	200
④残积砂质黏性土	18	20	4.04	26.38	19.41	23	15	220
⑤全风化花岗岩	20	21	（35）	25	25	22	22	300
⑥砂土状强风化花岗岩	21	21.5	（50）	30	30	25	25	500
⑦碎块状强风化花岗岩	23	23.5	（80）	45	40	35	35	650
⑧中风化花岗岩	25	25.5	—	—	—	—	—	2500

本场地地下水主要为填土层中的上层滞水和风化岩层的孔隙、裂隙潜水。对本工程影响较大的场地水主要是填土层中的上层滞水和降雨入渗的地表水。

二、工程技术重难点

根据现场踏勘，本工程场地内存在的主要问题是现状填土堆填过高，达10～30m，填土不允许外运，填土较松散，成分不均，且现场进行堆填碾压效果较差，周边没有足够的用地空间进行盘运堆土。若对现状山体的填土进行加固处理，由于填土层较厚，加固难度较大，且范围广，造价特别高。山体建成后游客众多，对生态景观效果要求高。

堆山工程存在的主要工程技术难点包括两个方面：一是水平和垂直方向的变形问题；二是永久边坡整体稳定性问题。该工程为人造公园景观山，沿山拟修建园区道路和景观步道，山体建成后游客较多，因此，也不允许有过大的沉降量和沉降差。另外，场地周边为已建和在建的建筑物，不允许出现山体的稳定性问题。

同时，山地公园园区道路环绕整座山体，贯穿整个公园，受地形限制影响，局部边坡较陡峭，边坡支护时对生态景观保护要求较高，既要考虑施工时减少对生态景观的破坏，又要考虑支护后与生态景观的协调效果。因此，山区边坡支护的重难点主要为：融合生态修复理念，最大限度与自然相协调，还原生态原生之美。

第二节　修复方案

一、弃土筑山方案

根据公园的总体规划设计方案，需充分利用场地内将近500000m^{3}的弃渣弃土在现有牛岗山和金狮山之间拟堆填一座山丘，将两座山体连成一体。山体面积约为6.2hm^2，堆填的山体顶标高为50m，坡脚标高为17～21m，山体高度为29～33m，堆填山体坡度为15°～25°（图4-2-1）。既形成舒适的坡地场所，满足游人坐、停、躺等游憩的需求，又尽量满足土壤自

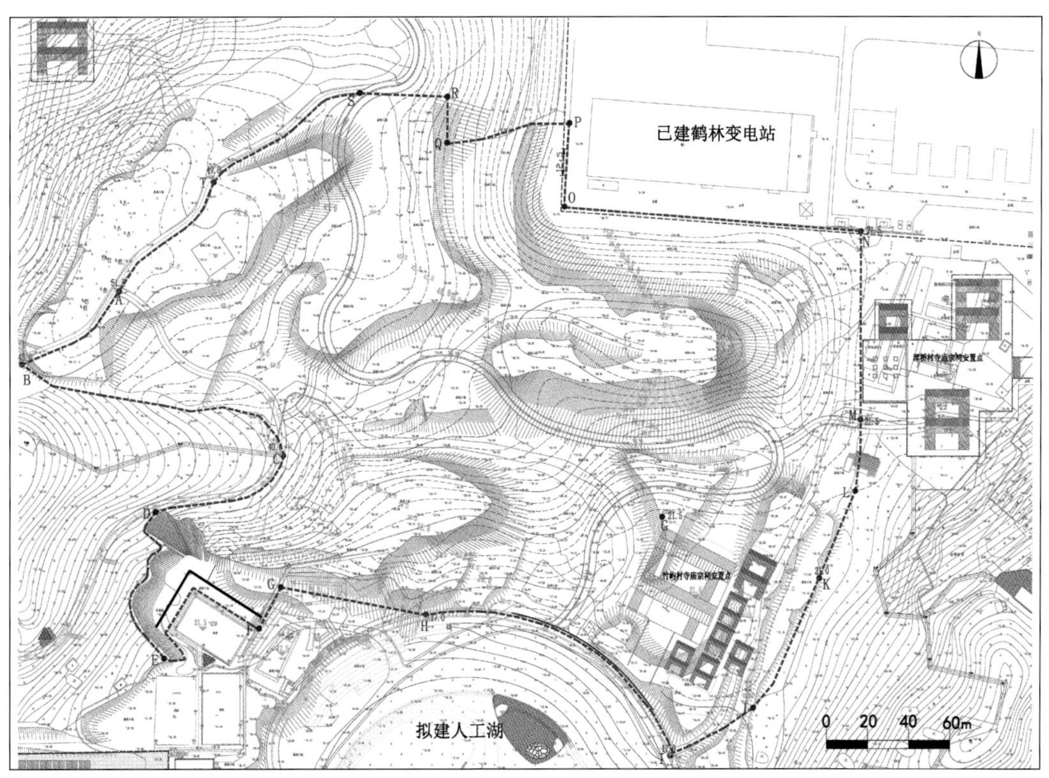

图4-2-1　牛岗山山体设计等高线图
（来源：郑俊清 绘）

然休止角的稳定性要求，因此重塑的山体边坡修复加固是工程项目的重点工作。同时结合公园的建设，完成整个山体各个崩岗、滑坡、边坡和地质隐患点的整治和生态修复。

牛岗山人工筑山与受损山体的生态修复相结合，既实现了高填方渣土弃土堆山的结构安全保证，又形成了符合园林美学的场地特征，是岩土工程技术与生态和美学相结合的重要探索，是近年来兴起的环境岩土学科的重要实践。

二、分区分块设计

拟建工程场地被建筑垃圾无序堆填，现场标高起伏变化，总体呈现西北高、东南低的态势。结合现场情况，场地存在以下难点：（1）将整个场地的现有填土全部进行开挖，则土方量巨大；（2）部分下部填土经过上部超载预压，已经产生部分固结，全部开挖没有必要；（3）场地内用地紧张，不具备大面积开挖的空间。

综合以上存在的问题，根据现场不同标高将整个堆山区域进行分区分块设计，以区、块为单位进行整平密实，各分区分块及整平标高数据如表4-2-1和图4-2-2所示。施工顺序遵循由低往高的原则，即从东南往西北方向分区施工。分区施工，分区盘运，临时堆放土方，先施工的区块可以临时借用后施工区块，解决场地用地紧张的问题。分区施工顺序为：1A区—1B区—2区—3区—9区—4A区—4B区—4C区—8区—5A区—5C区—5B区—6A区—6B区—7区。

分区整平标高数据表 **表4-2-1**

分区	整平标高（m）	分区	整平标高（m）	分区	整平标高（m）
1A区	17	4B区	32	6A区	40
1B区	18	4C区	现状	6B区	43
2区	21	5A区	28	7区	现状
3区	21	5B区	35	8区	现状
4A区	28	5C区	现状	9区	19.3

注：相邻分区之间存在高差，无支挡措施时，按1：2.0的坡率进行放坡顺接。

三、堆土填筑技术

堆土填筑的施工控制要点如下：选择合理压实机具，严格分层填筑、分层压实，控制压实顺序和碾压遍数，随时检查压实痕迹，实时监测山体变形（图4-2-3）。

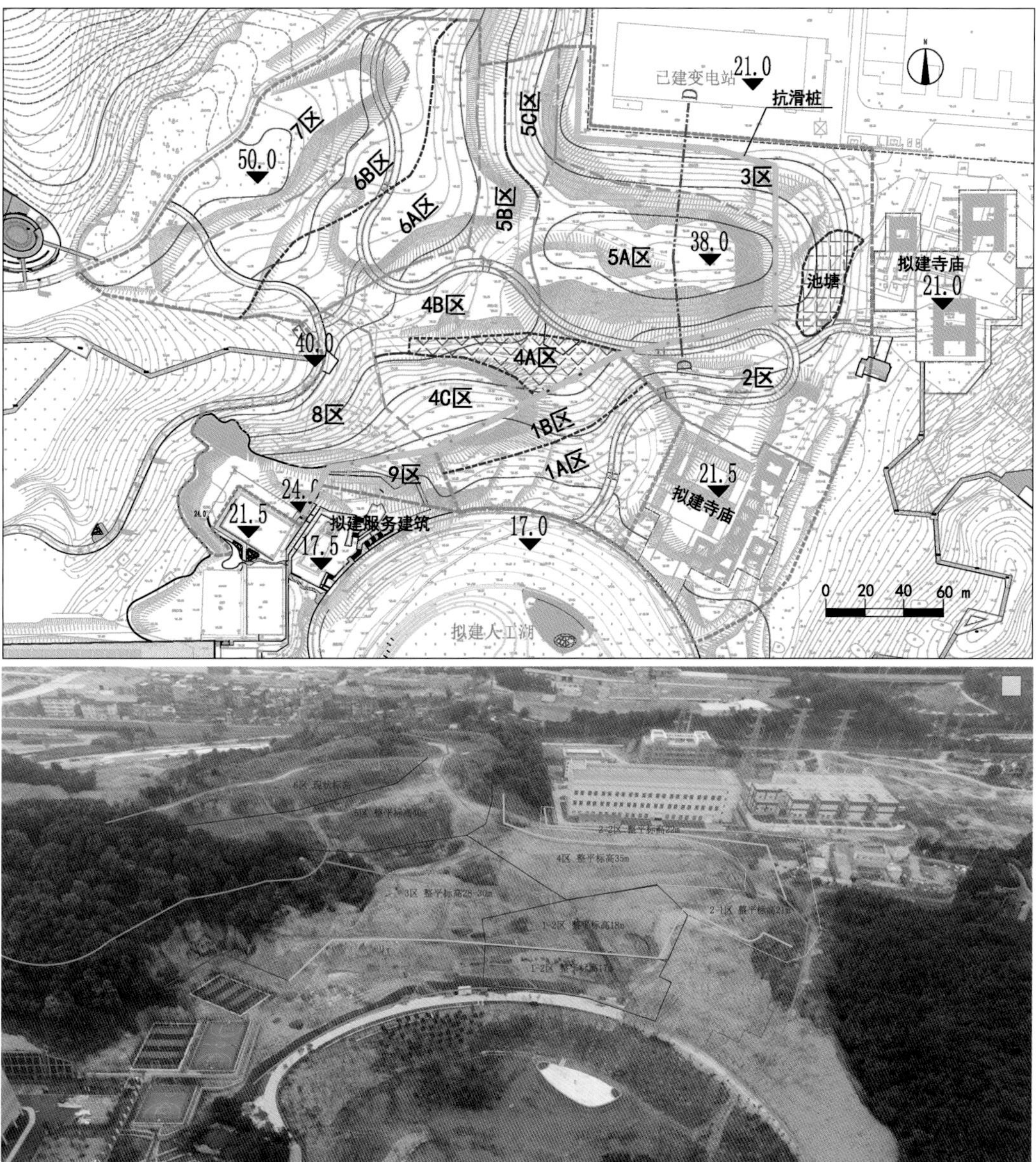

图4-2-2 山体分区分块图
（来源：郑俊清、高屹 绘）

A1层加填碾压

A1-1层，滤水层

A1-1滤水层施工

A5层滤水层碎石回填

图4-2-3　现场施工堆填照片
（来源：福建省榕圣建设发展有限公司 提供）

堆土填筑是人工造山的主体工程，事关山体的地质安全，应严格按照从下往上的施工顺序分区、分块堆填，每层铺设厚度≤0.5m，压实系数在$\lambda \geq 0.8$，施工过程应严格控制坡体的填筑速率，并进行有效的稳定和变形观测。具体工艺流程要求如下：

（1）底层处理：在填筑用地范围内杂物及原地面以下10～30cm内的草皮、农作物根系和表土予以清除。清基完成后，采用16t以上振动压路机，振动碾压4～6遍，并经压实度试验符合要求后方可进入上层填筑施工。

（2）陡坡处理：原地面纵横坡陡于1：5时，将原地面挖成0.5m高台阶。按设计填筑厚度（50cm）要求进行分层填筑、逐层碾压的方式，每层碾压遍数为4～6（次），并经压实度试验符合要求后方可进入上层填筑施工。

（3）填筑施工：按挖出的场区，基底整平后进行全断面分层填筑。专人指挥均匀拌制和卸载混合土，用装载机摊铺整平，再采用大于16t以上的压路机进行碾压形成。每一填层的两侧边缘加宽30～50cm，以作为修整边坡时用途，保证边缘填筑质量。在碾压作业过程应前后两次轮迹须重叠，及时碾压、压够遍数、压到边缘、压到结合部位、不漏压；作业段衔接处设临时标志；实行“一层一验”制度，及时收坡。

（4）实时监测：严格按照从下往上的施工顺序分区分块堆填，压实系数达到要求后方可继续堆填。当坡体变形超过预警值时，应立即停止填筑，必要时采取有效的卸载、坡脚反压等措施。严禁土坡一次堆填到位后才进行刷坡施工。

四、山体加固措施

由于拟建堆山工程场地内存在已堆填的厚层填土，土质较差，采用锚杆加固时，锚固力较小，且费用较高；采用注浆加固，则填土地层较不均匀，无法保证有效的加固半径。因此，为减少翻挖和外运土体，本次堆填山体充分应用山体加固原则：首先，结合现状山形，采用ϕ1500抗滑桩@2500对东、南、北三侧坡脚进行加固，桩长18～28m，桩顶标高24～30m；局部山脚亦设置重力式挡土墙，墙高3.5～4.5m。其次，坡体根据堆填情况设置ϕ125PE塑料排水盲管进行插腰排水，单长10m，间距4m×3m。最后，对坡面夯实完后进行削缓坡度（图4-2-4）。

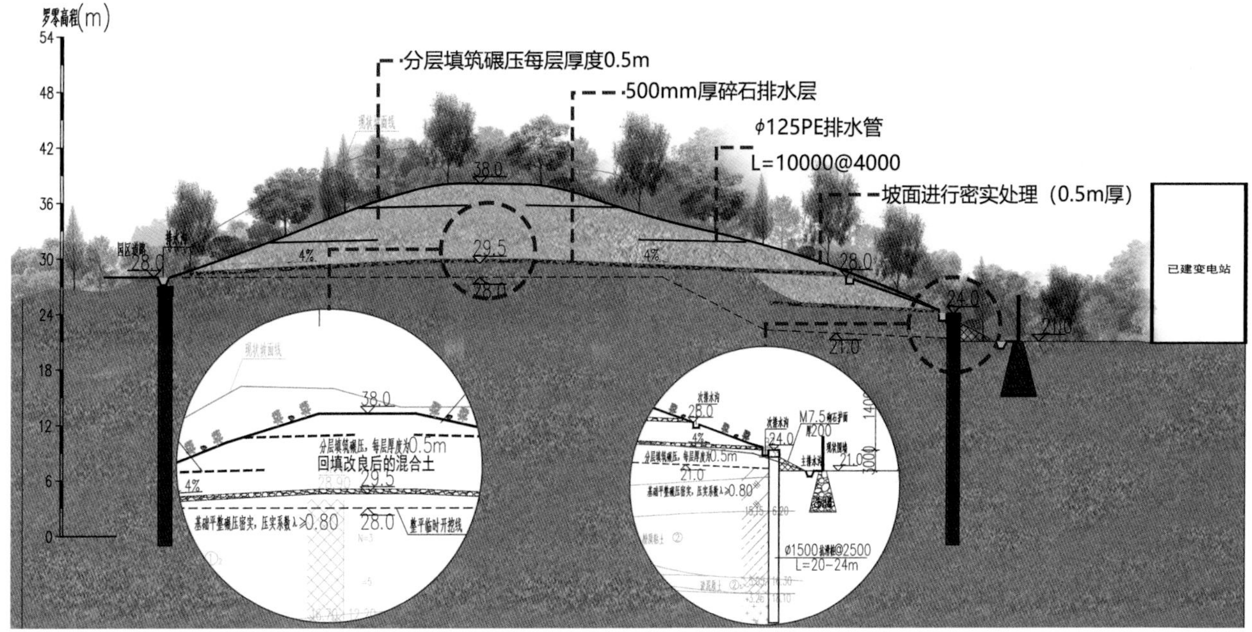

图4-2-4　典型D-D剖面加固设计图
（来源：郑俊清、邱小平 绘）

五、弃土改良利用

该工程现状场地内被弃土堆填，堆填量巨大（500000m^3），且无法进行外运，要求对场地内的弃土进行充分利用。因此，本工程的填料只能最大限度利用场地内现有填土。但是由于场地废弃的渣土和垃圾土成分复杂，稳定性差，养分条件差，因此必须结合山地地形的再塑造改良土壤。

目前，国际国内土体改良的方法主要分为化学改良和物理改良。化学改良主要采用添加剂使其发生化学反应，达到固化的效果；而物理改良则是进行成分混合替换的方案，提供或改善土体的性能，具有成本低、施工难度低、污染小等特点。综合对比后，本项目采用物理改良的方法。

物理改良中拌和比例的选择是本工程的重点，本工程综合场地内填土的成分和特点，通过现场几种混合配比对比后，选择要求如下：砂性土占20%，碎石（粒径为ϕ20~40mm）占30%，现状场地内填土占50%，并要求搅拌均匀，将均匀搅拌后的土称为改良后的混合土，通过现场基本实验，压实度可以达到80%以上。因此，在现场实施时应严格按设计要求进行配合比、配料，拌合均匀。

综合场地内的特点，本场地的土方处理方案如下：首先，将部分池泥和纯生活垃圾土进行外运处理，消除污染物隐患，处理方量约50000m^3；其次，将各分区整平标高下已经产生部分固结的填土，通过面层再次碾压处理，进行原地填埋消化，消化方量约300000m^3；最后，对于各分区整平以上的弃渣弃土采用物理混合改良后的混合土（砂性土：碎石：场地内填土，为2：3：5）进行分层碾压回填，消化渣土方量约150000m^3。

六、山体排水设计

高填方山体的排水也是确保长期稳定性的重要措施。山体排水系统的设计原则：加快坡面排水，减少地表水下渗，并将坡体内的积水有效排出。

由于高填方山体工程堆填初期密实度较差，富水较丰富，采用从下往上，根据不同分区、不同分块、不同整平标高的分别设置500mm厚的碎石排水层，将坡体内的积水有效地收集并排出，各排水层的按4%外倾坡率设置，出水口标高如表4-2-2所示。

碎石排水层出水口标高数据表　　表4-2-2

层号	A1	A1-A	A2	A3	A3-1	A4	A5	A6
出水口标高（m）	17	21	24	30	28	35	40	24

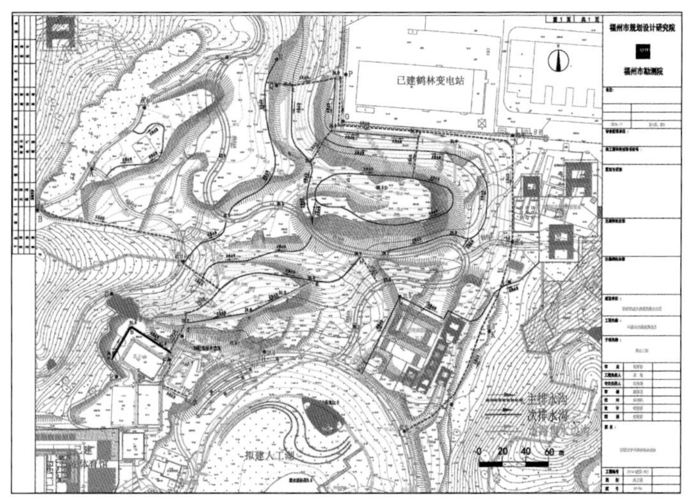

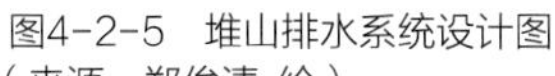
图4-2-5　堆山排水系统设计图
（来源：郑俊清 绘）

图4-2-6　人工筑山的山地碎石排水沟
（来源：郑俊清 摄）

该工程为堆填山体，为解决表层坡面排水通畅，加速地表排水，采用的主要方法是结合山体等高线图和园区道路设置的主、次排水沟和道路集水沟，并夯实坡面，种植绿化植被，减少地表水下渗，使得坡体、坡面和坡脚排水相互连接，形成一个良好的排水系统，并汇入周边排水体系，彻底解决排水问题。

堆山排水系统设计图如图4-2-5所示，施工过程及施工完成后的现场照片如图4-2-6、图4-2-7所示。

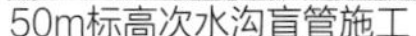
50m标高次水沟盲管施工

图4-2-7　次排水沟施工现场
（来源：福建省榕圣建设发展有限公司 提供）

图4-2-8 生态袋挡土墙现场
（来源：福建省榕圣建设发展有限公司 提供）

七、其他山体受损地的改造修复

（1）牛岗山公园周边场地多处为拆迁工地，现场一片狼藉，多处被建筑垃圾堆弃，对弃渣地进行改造修复迫在眉睫。弃渣地改造修复的措施如下：覆土后种植绿化植被或者结合地形改造成假山景色。

（2）对于局部开挖修复的部位采用“生态袋挡土墙+挂网喷播植草”进行支挡和修复（图4-2-8）。

生态挡土袋以聚丙烯为主要原料，生态挡土袋之间采用PP原料制作的三维联结扣连接。填料就近选择，现场取土，要求适合植物生长，土中掺入蘑菇肥，混播狗牙根、百喜草、胡枝子、刺槐、马棘、野菊花等种子，表面自然插播珠帘藤、三角梅、蟛蜞菊、常春藤、迎春花，能快速形成灌草结合近自然的地表植被层。

挂网喷薄植草采用高强土工格室加喷播基材草籽。土工格室规格要求：抗拉强度≥150MPa，延伸率≤15%，炭黑含量≥2%，网格尺寸25cm×25cm，展开尺寸4m×12.5m，格室高度为100mm。绿化基材混合物由绿化基材、植物纤维、种植土（含草籽）按一定的比例（1：2：2）掺和而成。在坡面上喷播符合要求基材和草籽，喷播厚度为6cm，喷播后用50g/m^{2}的无纺布覆盖。

第三节 信息化监测控制

一、监测方案

作为高填方的人工堆土填筑山体，结构的安全始终是关键环节。伴随施工过程，同步开展信息化的监测控制。通过动态设计、动态施工、动态管理，以确保设计方案的可靠性，进而确保本边坡支护工程的安全（图4-3-1）。主要监测内容有：

（1）边坡深部土体位移：在边坡坡顶埋设测斜管，测斜管埋至坡底稳定岩土层或超过坡脚不少于5m，以观测边坡在施工及使用过程期间的位移。

（2）坡顶水平与垂直位移：在边坡坡顶、边坡平台及坡趾处，布置位移及沉降观测点。

（3）地表裂缝：在边坡坡顶不小于1.5倍的边坡高度范围内定时观测地表裂缝。

（4）地下水、渗水与降雨关系：边坡开挖后可在出水点处设置监测点，监测地下水、渗水与降雨关系。

（5）观测频率：边坡施工期间每一周观测2～3次，施工完毕后第一年每半月测一次，第二年每月测一次，观测时间不少于2年。遇到暴雨或位移较大等异常情况时，适当加密观测次数。

（6）监控预警指标：边坡或支护结构的最大水平位移已大于边坡高度的1：500或20mm，或其水平位移速率已连续3天大于2mm/d；边坡坡顶一定范围内场地地表出现裂缝、裂缝增大、地面塌陷等边坡稳定性破坏先兆；支护结构出现开裂、位移突变。

鉴于监测技术的不断发展，采用自动化监测系统，实时信息采集已经被普遍应用于工程中，针对本项目堆山工程的监测要求，亦可以采用自动化监测。

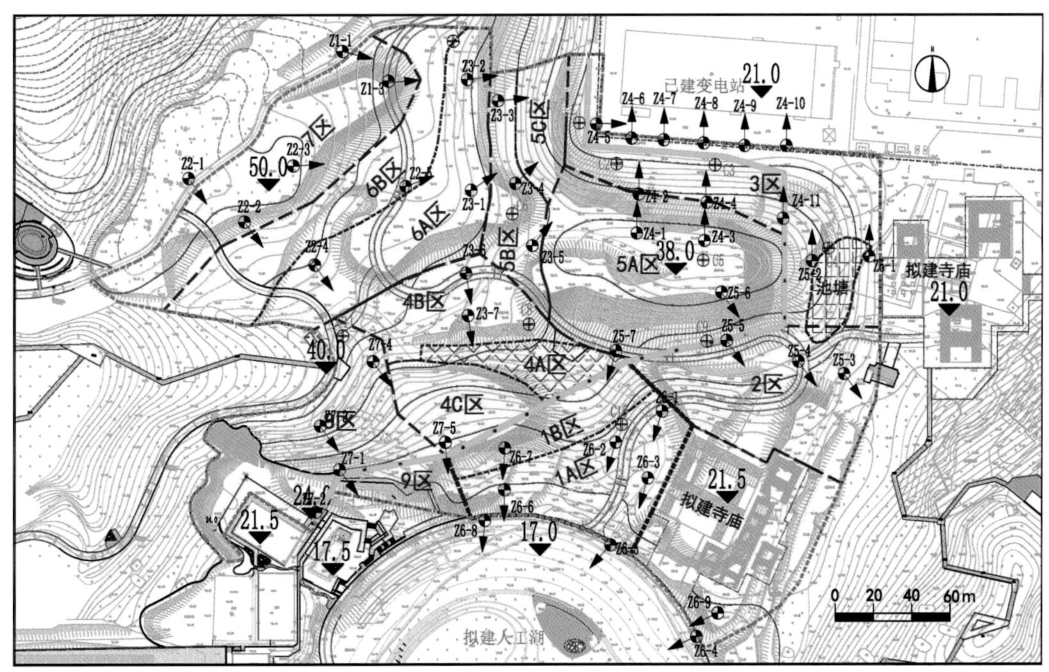

图4-3-1　山体监测点平面布置图
（来源：郑俊清 绘）

二、检测要求

（1）混合土换填和堆填检测：采用重型击实试验或环刀法取样测压实系数，每层土每1000m^{2}不少于3个测点。

（2）抗滑桩采用低应变检测及声波测试检测桩身质量完整性，低应变检测数量不少于总桩数的20%，声波测试检测数量不少于总桩数的10%，且不少于10根。

（3）碎石及排水盲沟应进行分层验收，表面排水系统应根据要求进行总体验收。

第四节　实施效果

目前，该山体已经竣工3年了，施工过程和竣工场景如图4-4-1、图4-4-2所示。从开始施工至今，经历了多场台风和暴雨，山上园区道路和步道未发生开裂变形，抗滑桩均未发生结构变形，坡面生长满植被，无冲刷的现象，绿化效果较好。通过监测数据显示，各项位移监测结果也均满足规范要求，说明上述高填方的堆土填筑山体和其他受损山体的加固方案效果较为理想，为后续的植物种植和山体的景观营造奠定了坚实的基础。

图4-4-1　堆山施工过程
（来源：高屹 摄）

图4-4-2　堆山工程竣工现场
（来源：陈鹤 摄）

第五章

海绵公园与安全生态水系

来源：王文奎 摄

晋安公园的水系，既有跌跌宕宕的山地溪流，又有蜿蜒如练的城市内河，还有平静宽阔的湖泊。晋安公园多种多样的水，既是重要的风景要素，给公园和城市带来了灵动和生机；更和绿地相融合，成为城市重要的绿色生态基础设施，是城市韧性的重要组成部分。晋安公园的水系设计，不仅仅是传统意义上的“理水”，而是在整体流域中、在蓝绿交织的基础上，既继承了中国风景园林传统理水的精华，也融合了当代海绵城市、生态水系治理的一项综合性工程。

第一节 流域水系特点

城市水系的水安全和水环境具有很强的系统性，体现出明显的流域特征，受上下游整体的影响。晋安公园所处的福州市江北城区三面环山，南面临水，地势西部和北部高，南面低，是闽江下游冲积平原地带。汇水面积162km^2，共有67条内河，以八一七路为界，分为东西两片，东片是以晋安河为主的东区水系，西片是以白马河为主的西区水系。江北城区内河水系出口受闽江潮汐影响显著，属典型的平原感潮河网，受闽江高潮位和强降雨形成的山洪双重影响，江北城区极易发生内涝。

在东区水系中，晋安河光明港为城区涝水的主要行泄通道，全长13.5km，由西北向东南，由闽江北港北岸防洪堤上的水闸及排涝站排出。凤坂河是晋安河光明港主通道的支流，也是重要的行泄通道，由晋安河福新路路口分出经晋安东城区，汇流化工河、凤坂一支河、陈厝河等内河，再汇入光明港（图5-1-1）。其中，凤坂河和凤坂一支河汇流处为规划晋安湖所在地。

2016年年底福州城区水系综合治理全面展开，根据江北水系的内涝成因及可行性，确定了“上截、中疏（蓄）、下排”的综合治理措施，全面提升江北城区的内涝防治能力。

（1）规划建设江北城区山洪防治及生态补水工程（简称：高水高排），该工程可有效拦截北峰山洪，并将其直排闽江，使山洪不进城，大大减轻江北城区的内涝压力。同时，在高水高排工程实施后，日常可用于江北城区的生态补水，在登云水库、凤坂一支河设有补水通道，登云水库补水2.8m^3/s，凤坂河一支河补水2.5m^3/s，日补水量30.5万m^3/d。

（2）根据内涝点分布和用地条件，规划建设“六湖三园一池”（图5-1-2）。在过溪水库下游新建义井溪湖，缓解湖前河两岸内涝；在解放溪中上游扩建井店湖，扩挖琴亭湖，配合八一水库优化调度规则，缓解五四北片内涝灾害；在五四片区扩建温泉公园湖；在桂后溪新建涧田湖和桂后溪分流工程；在凤坂河流域规划建设晋安湖，提高凤坂河流域排涝标准；在八一水库、斗顶水库下游新建两座雨洪花园，在洋下片区新建洋下海绵公园，在洋下河新建斗门调蓄池，调蓄片区涝水。

（3）对主要排涝通道晋安河光明港进行清淤、清障、清抛石，拆除阻洪的桥梁；在晋安河末端新建直排闽江通道。

（4）通过以上一系列工程与非工程措施，城区排涝标准由原来的不足5年一遇提高至10～20年一遇。

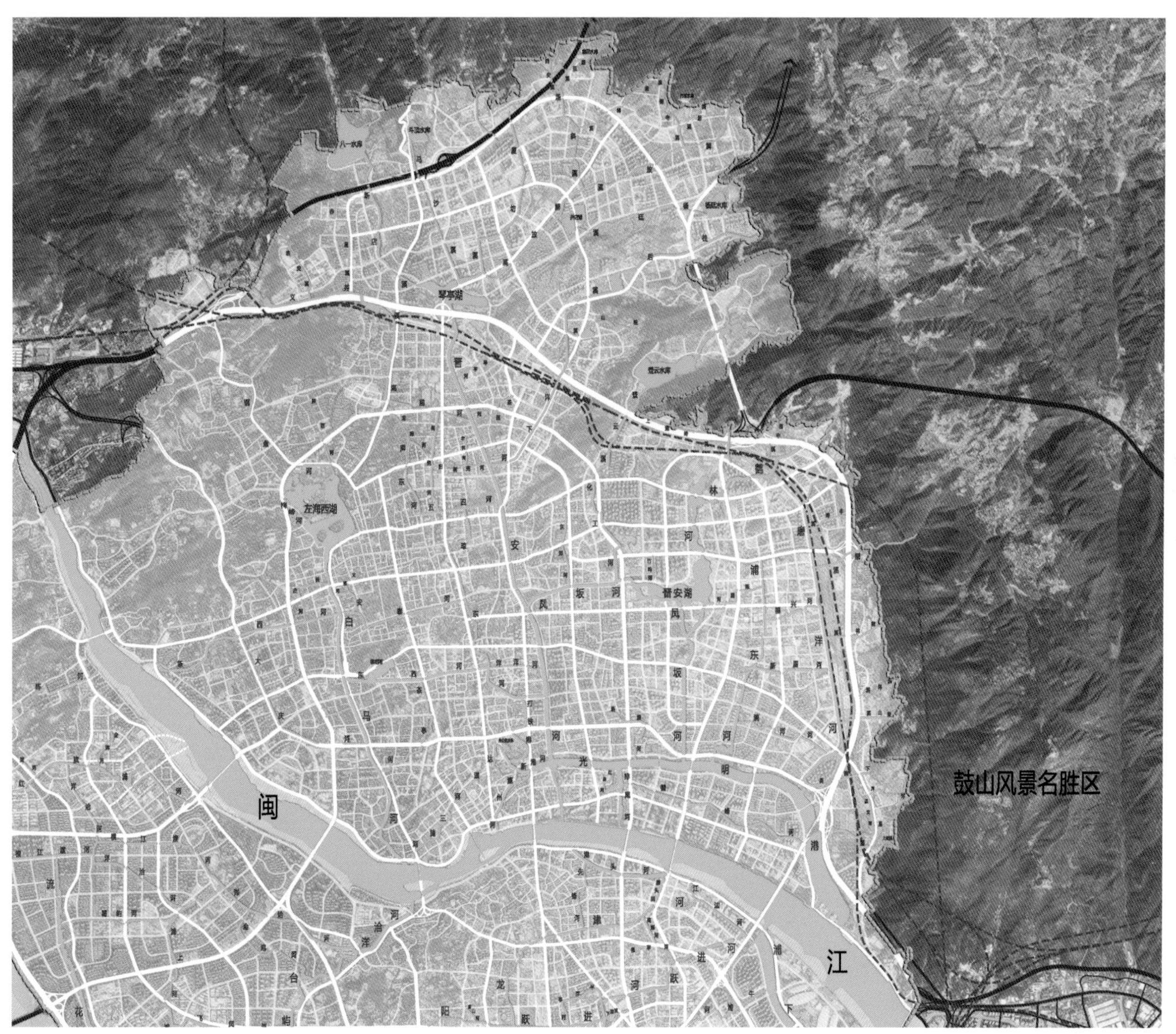

图5-1-1　江北城区水系图
（来源：《福州市四城区水系专项规划》）

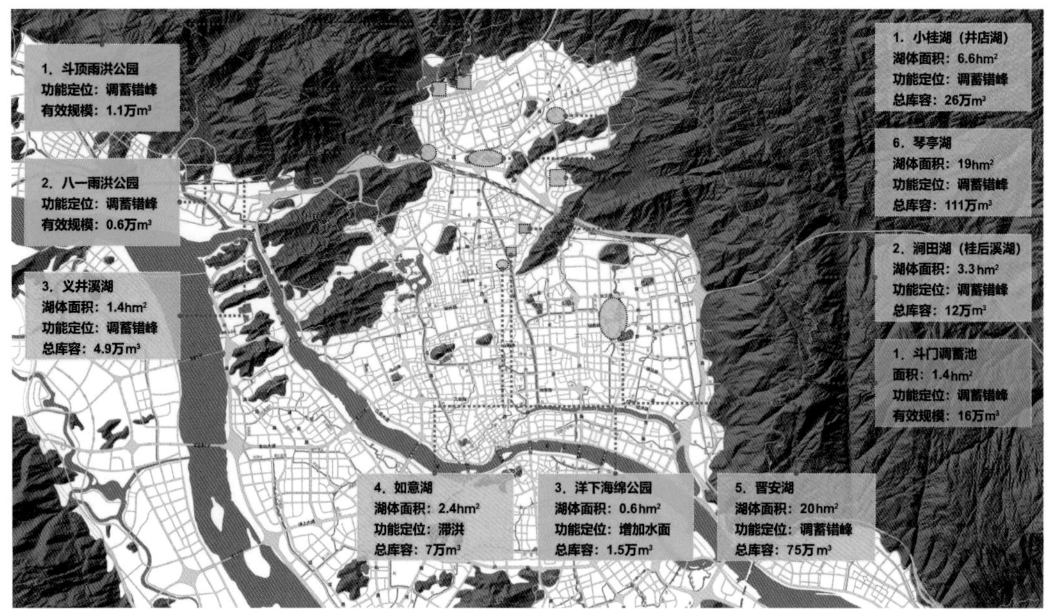

图5-1-2 “六湖三园一池”布局图
（来源：蔡辉艺 绘）

在上述“上截、中疏（蓄）、下排”综合治理措施中，晋安公园不仅是片区河网的中心、行洪的重要通道，更是“中蓄”的关键，可提升东城区的蓄洪能力，起到缓解片区内涝的作用。

第二节　蓝绿交织和海绵试点

水系与绿地通常被称为城市的蓝绿空间，是城市重要的生态基础设施。蓝色空间指城市中所有自然及人工水域，包括河流、湖泊、水库、水渠、湿地等；绿色空间指城市中所有植被覆盖的区域，包括公园绿地、附属绿地、防护绿地以及其他区域绿地等。蓝绿空间的有机结合作为一个整体，有利于保证河湖水系的用地，有利于河流的防洪安全，有利于水环境改善、水生态修复、水景观营造和水文化的传承，实现城市河湖水系“水清、河畅、岸绿、景美”的综合效应，体现其“安全之本、生态之基”的作用①。蓝绿交织的空间也成为城市重要生态格局的骨架与景观塑造的主要对象，直接影响着城市的生态环境建设水平

① 杨舒媛，王军，张晓昕，等. 高标准规划“水城共融”的城市副中心的探索［J］. 城市规划，2020，44（1）：85-91.

和城市景观风貌，也是落实海绵城市建设的主要空间载体。

晋安公园所在的鹤林片区，位于鼓岭北峰山脚，水系发达，是福州市国家第二批海绵城市建设的试点片区之一，具有典型代表性（图5-2-1）。通过晋安东城区持续不断的规划优化调整，鹤林片区形成了以凤坂河、化工河、凤坂一支河、陈厝河等内河为骨架的蓝绿交织的生态网络系统，特别是将凤坂一支河、凤坂河与规划的晋安公园绿地融为一体，成为最大的蓝绿交融核心（图5-2-2）。以此绿色生态网络系统为基础，成为海绵城市建设最重要的空间载体，围绕着水安全、水环境、水生态各要素，制定鹤林片区的海绵城市建设方案（图5-2-3），主要内容有：

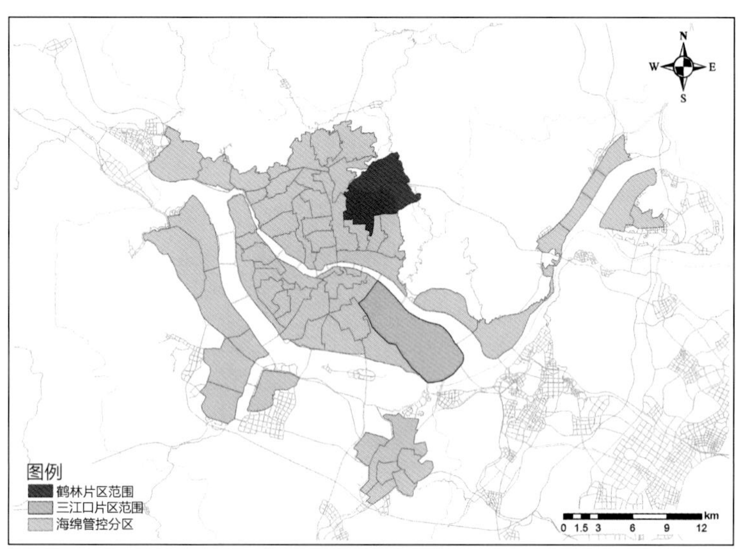

（a）福州市海绵管控分区与试点片区

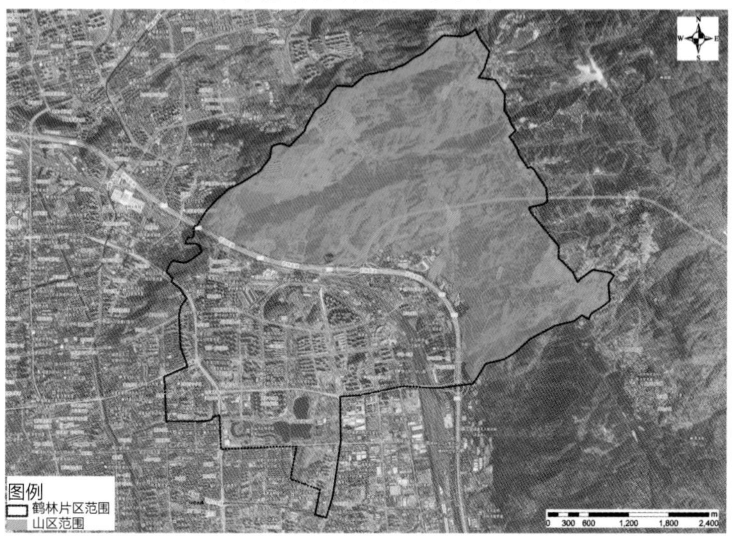

（b）鹤林片区范围示意图

图5-2-1　福州市海绵城市总体规划的试点片区及鹤林片区范围
（来源：蔡辉艺 绘）

（1）水安全方面。①外部减少山洪客水进城，沿江北城区上游自西向东新建隧洞、截洪坝及山洪排泄支洞，将山洪直排入闽江；②通过建设晋安湖滞蓄涝水，利用公共绿地、休闲公园等作为雨洪临时调蓄空间，减轻市政管线及下游河道排水压力；③对流域内河道进行整治，将原3～5年一遇的排涝标准提高至20年一遇；④完善雨水管网系统，对未达标管网进行改造，并利用城市道路作为涝水行泄通道，通过道路排水，将涝水汇聚排入河道等调蓄水体。

（2）水环境方面。①以截污纳管为前提，尽量避免污水和初期雨水直排河道；②为了减少内源污染，对河道进行适当的生态清淤，减轻底泥对水质的影响；③采用增氧和水质净化技术的组合，提高水体溶解氧浓度和水体净化能力，迅速改善水体水质；④结合生态补水、生态岸线建设和人工生态系统构建等方式，逐步对

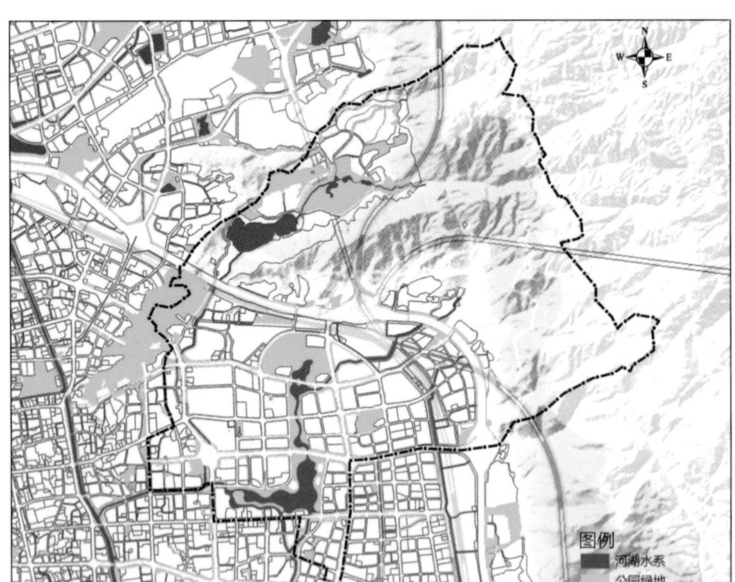

图5-2-2　鹤林片区蓝绿交织的生态网络系统
（来源：蔡辉艺 绘）

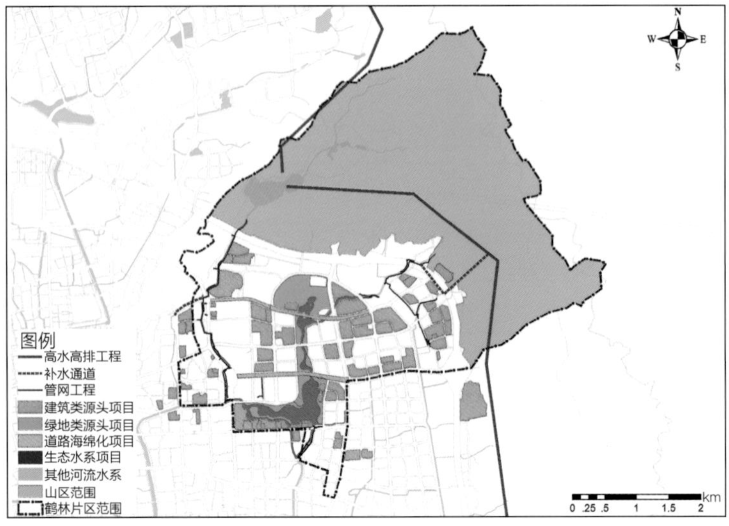

图5-2-3　鹤林片区海绵措施分布图
（来源：蔡辉艺 绘）

水生态系统进行修复，对周边景观进行全面提升，最终使鹤林片区河湖水体达到水清、岸绿、景美、生态的要求，实现水环境治理目标。

（3）低影响开发措施方面。按照新建项目以目标为导向，改造项目因地制宜为原则进行布局。①新建的项目可实施性强，地块类项目根据规划设计条件中的绿地率、建筑密度及坡度等条件给定年径流总量控制率目标，道路类项目根据规划道路断面、坡度等条件给定年径流总量控制率目标，按照既定目标进行建设。②改造项目根据实际的改造难易程度、老旧程度、经济性等进行合理的改造。通过低影响开发措施建设，增加对雨水的吸纳、蓄渗和缓释作用，实现缓解城市内涝、削减城市径流污染负荷、节约水资源、保护和改善城市生态环境的建设目标。

在上述鹤林片区海绵城市试点的总体方案中，晋安公园成为重中之重，成为福州市海绵城市建设的公园示范项目。宏观尺度上，晋安湖补充完善了城区水系格局，特别是在江北城区“上截、中疏（蓄）、下排”防洪排涝总体布局中扮演重要的角色，通过科学设计河湖水体，可滞蓄洪水缓解片区内涝，也可通过水闸调控内外联动增强水动力；中观尺度上，作为片区蓝绿生态网络的最大斑块和核心区域，按照万里安全生态水系的要求，将全面构建近自然的生态水系，尤其是水岸的生态化构建；微观尺度上，在公园的范围内，全面实施场地下垫面的LID技术集成，成为海绵公园的示范地。

第三节　宏观尺度——水安全和水动力的系统建设

一、河湖水体设计和水安全

根据江北城区的水系总体规划，晋安公园绿地范围内流经了凤坂河、凤坂一支河，规划了晋安湖，还汇入了竹屿河和陈厝河。晋安公园“北山南湖、一溪贯穿”的总体布局和晋安湖“河湖分离”的水体形态，不仅营造了中国传统山水园富有诗情画意的水景观，更从整体水系入手，有效提高了城市河湖行洪和滞蓄的能力，提升了城市的水安全水平。

1. 河湖分离提升滞洪调蓄能力

在贯穿和汇入规划晋安湖的内河中，凤坂河是城区的主要行洪河道，既分流了晋安河的行洪压力，又承担了东城区骨干行泄通道的功能。其余河流都是小支流，或是断头河（如竹屿河），或是流域面积小的溪流（如凤坂一支河和陈厝河），不是主要的排洪河道。因此，涉及系统水安全的主要是晋安湖和凤坂河的河湖水体设计。

通常河湖水体的布局关系为“贯入式”，将湖体作为一个个珠，串联在河网水系中（图5-3-1a），河湖水位同涨同落。晋安湖巧妙采用“分离式”的模式图（5-3-1b），通过“榕荫花堤”，分离了主行洪河道凤坂河与晋安湖，不仅营造了丰富的水面空间景观，更可以通过花堤上的闸坝联合调度，用信息化手段实现灵活的水位调控，充分发挥行泄和滞洪的最大功效。最终形成的凤坂河河宽保持规划蓝线不变，采用复式生态驳岸，可以在汛期提供更大的行洪空间。晋安公园水体面积达到近40hm^2，其中晋安湖约34hm^2，常水位4.5m，涝水位6.7m（高水高排建成前），湖底最低水位1.5～2.0m，有效调蓄库容近136万m^3（图5-3-2）。建成后的晋安湖能够起到错峰调蓄的作用，减小凤坂河洪峰流量及分流至晋安河的洪峰流量，降低晋安河及凤坂河水位。

根据水动力模型及现场观测和模拟分析，凤坂河自化工河附近向两侧分流，部分涝水由凤坂河汇入光明港，部分涝水汇入晋安河，模拟结果具体如下：

（1）通过河道过流流量成果分析（表5-3-1），从凤坂河分流至晋安河流量上看，晋安湖建成后相比于建成前，分流最大流量由51m^3/s下降至29m^3/s；当高水高排建成后，分流最大流量还将再降低至23m^3/s。从凤坂河分流流量与晋安河洪峰遭遇时间上看，晋安湖建成前，分流流量遭遇晋安河洪峰，抬高晋安河涝水位；晋安湖建成后，通过湖体调蓄，分流流量未遭遇晋安河洪峰，能有效降低晋安河涝水位。

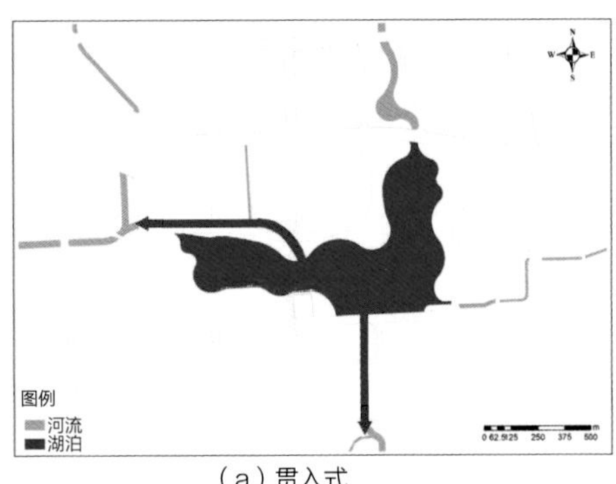

（a）贯入式

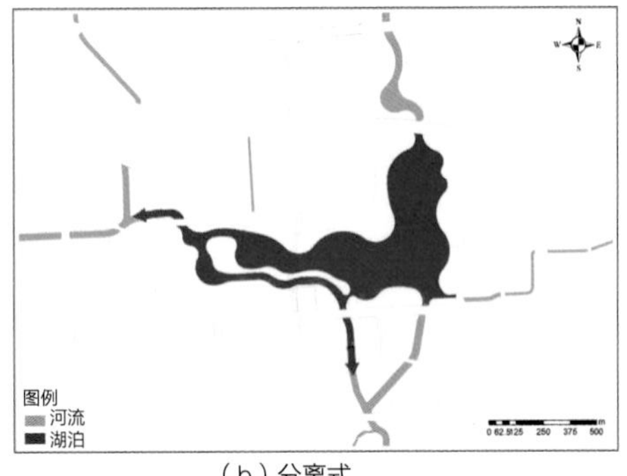

（b）分离式

图5-3-1　贯入式和分离式的河湖水体示意图
（来源：蔡辉艺 绘）

图5-3-2　河湖分离的晋安湖公园总平面图
（来源：巫小彬 绘）

凤坂河分流流量及晋安河（凤坂河口）水位统计表　　表5-3-1

工况	凤坂河分流至晋安河流量		晋安河（凤坂河口）水位
	最大流量（m^3/s）	出现时间	最高水位（m）
高水高排工程实施前、晋安湖建成前	51	第20.2小时	6.98
高水高排工程实施前、晋安湖建成后	29	第23.5小时	6.62
高水高排工程实施后、晋安湖建成后	23	第26.0小时	5.9

（2）通过水面线成果分析（图5-3-3），凤坂河自连江路桥附近向两侧分流，各工况凤坂河水位如下：

①高水高排工程实施前、晋安湖建成前，连江路桥至晋安河段水位为7.13～6.98m，连江路桥至凤坂河出口段水位为7.13～6.08m；

②高水高排工程实施前、晋安湖建成后，晋安湖以西的连江路桥至晋安河段水位为

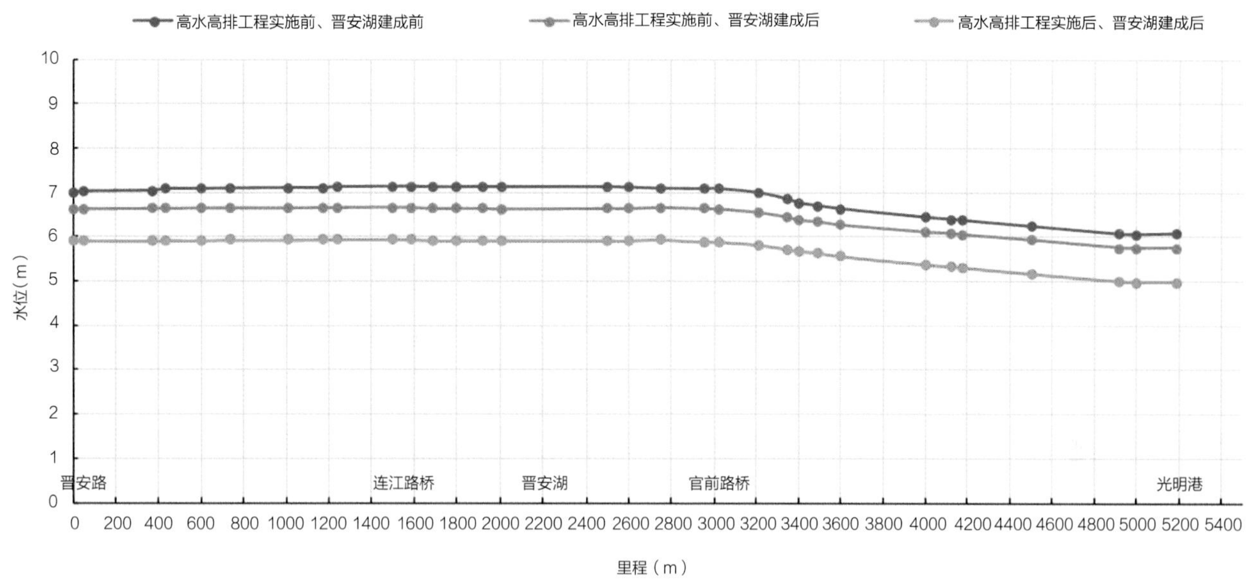

图5-3-3　晋安湖建成前后对降低片区洪水位的作用，根据《晋安湖项目工程可行性研究（报批稿）》（来源：蔡辉艺 绘）

6.67～6.62m，晋安湖以南的连江路桥至凤坂河出口段水位为6.67～5.76m；

③高水高排工程实施后、晋安湖建成后，晋安湖以西的连江路桥至晋安河段水位为5.94～5.9m，晋安湖以南的连江路桥至凤坂河出口段水位为5.94～4.98m；

综上，高水高排工程实施前、晋安湖建成后相比于建成前，晋安湖以西的连江路桥至晋安河段水位下降0.36～0.46m，晋安湖以南的连江路桥至凤坂河出口段水位下降0.32～0.46m。高水高排工程实施后、晋安湖建成后，晋安湖以西的连江路桥至晋安河段水位下降1.08～1.19m，晋安湖以南的连江路桥至凤坂河出口段水位下降1.10～1.19m。晋安湖建成后，凤坂河水位显著降低，说明晋安湖对片区涝水的调蓄作用明显。

2. 智慧控制与联排联调提升错峰调蓄能力

晋安湖通过长堤，实现河湖分离，并设置4个闸门，协同调控晋安湖的水位，实现滞洪和错峰调蓄（图5-3-4）。其中，1号闸门位于长堤与湖塘路之间，2号闸门位于长堤南侧，3号、4号闸门位于原凤坂河与凤坂一支河位置。规划1号水闸净宽10m，2号、3号水闸净宽20m，4号水闸净宽8.0m，闸底高程均为2.5m。

晋安湖错峰调度原则为：涨水期间，先由凤坂河单独进行排涝，当来水流量大于凤坂河

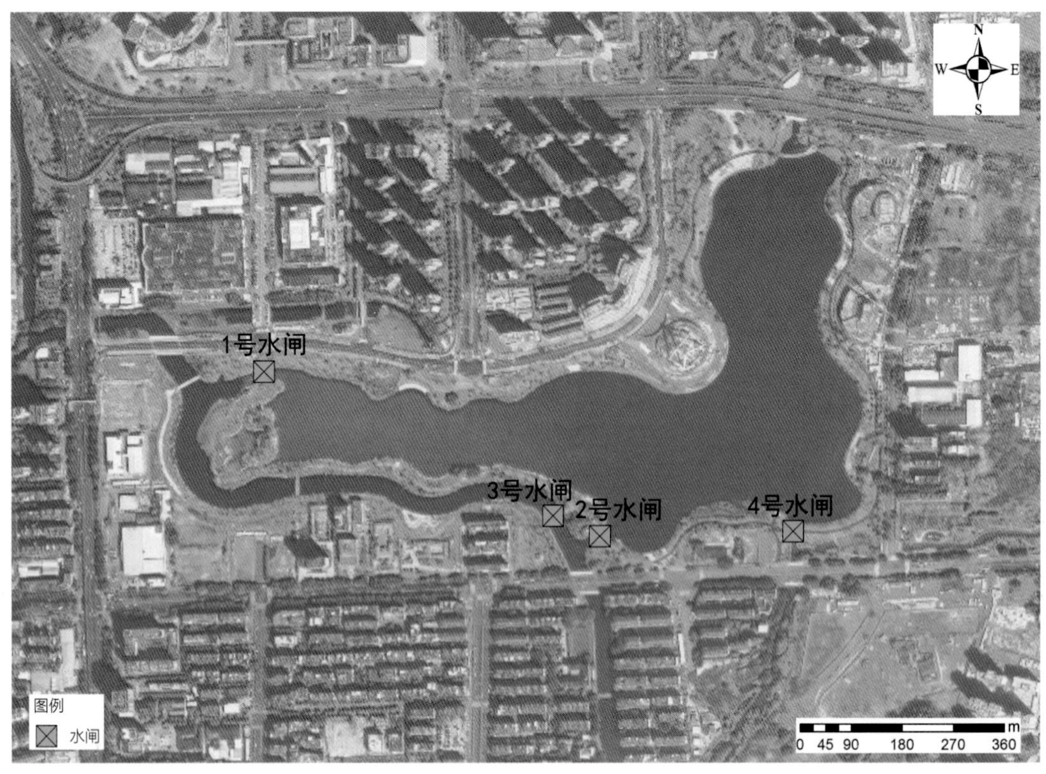

图5-3-4　晋安湖排涝工程布置图《晋安湖项目工程可行性研究（报批稿）》

过流能力时，再启用晋安湖进行调蓄；退水期间，灵活调度水闸恢复湖体景观水位。具体调度方案如下：

（1）日常保持湖体景观水位；

（2）根据气象预报，当台风暴雨来临时，关闭1号水闸，提前通过2号、4号水闸将晋安湖水位进行预泄，最低水位至2.5m；

（3）凤坂河涨水期间，当2号水闸闸下水位<4.5m时，凤坂河片区管网排水不受影响，保持1号、2号、4号水闸关闭状态，保持3号水闸开启状态，由凤坂河进行排涝，避免凤坂河前期涝水汇入晋安湖，提前占用晋安湖调蓄库容；

（4）凤坂河来水不断增大，当凤坂河2号闸闸下水位≥4.5m时，凤坂河片区管网排水压力增大，逐步打开1号水闸，利用晋安湖进行错峰调蓄，减轻凤坂河排涝压力；

（5）凤坂河退水期间，先关闭1号水闸，通过2号、3号、4号水闸进行排水，当湖体降低至景观水位时，关闭闸门，恢复湖体景观水位。

上述多闸门联动的调度，统一纳入福州市联排联调中心智慧管理系统，在2022～2023

年几次台风强降雨过程中，发挥了滞洪调峰的作用（图5-3-5）。但是，由于雨水管网系统排水能力相对较小、雨水篦容易堵塞，且受河道水位高顶托影响，在应对极端暴雨时晋安湖周边区域因雨水排放不及时出现了短暂积水问题；建议未来加强道路行泄通道建设，作为雨水排放的第二通道，缓解区域积水问题。

图5-3-5　杜苏芮台风期间晋安湖滞蓄涝水
（来源：晋安区园林中心 提供）

二、水动力

凤坂一支河是山溪型河流，平时流量较小，对促进晋安湖水体的流动性作用不大。凤坂河是城市重要行洪河道，也是城市的主干河流，水体流动性较好，但是河湖分离提高了晋安湖滞蓄能力的同时，也降低了湖体的水动力，流动性不足，对水质产生不利的影响，存在水环境（水体黑臭）风险。为有效改善晋安湖的水动力，通过“内外联动”的方式，一方面，通过合理调度晋安河流域的生态补水，增强晋安湖的水体的流动性；另一方面，通过湖体内设置水循环动力装置，补充提高湖体的水体流动性。

1. 合理调度生态补水增强水动力

（1）补水水量

考虑旱季时人工湖湖面蒸发、地下渗漏、人类活动取水等影响，经计算分析，晋安湖补水流量为0.4m³/s（全天）。雨季时，由于水量充足，人工湖在不考虑其他补水条件下，也能保证正常水位。另外，根据《福州市江北城区内河生态补水完善规划》，考虑晋安湖与连接河道整体水质的提升，凤坂河规划生态补水流量为5m³/s。同时，现状在化工路有凤坂河—浦东河—磨洋河补水管，设计补水流量为3m³/s，现日常补水流量为2m³/s，其中，浦东河与磨洋河各补水流量1m³/s。高水高排项目建设前，晋安湖也将作为浦东河及磨洋河补水水源。

综合考虑，凤坂河、浦东河、磨洋河等河道生态补水量，晋安湖补水水源设计流量不应低于5m³/s。

（2）补水水源

晋安湖与其上游凤坂河、凤坂一支河相连，凤坂河上游有东郊河、登云溪—化工河、竹屿河三条支流，此外，凤坂河也与晋安河及光明港相连。现状条件下，晋安湖稳定补水水源为晋安河河水。因此，拟在晋安河与凤坂河交叉口区域，建立闸泵，抽取晋安河河水作为晋安湖及凤坂河等河道生态补水水源，补水流量5m³/s。远期，随着江北城区山洪防治及生态补水工程的实施，凤坂一支河补水流量为2.5m³/s，登云溪—化工河补水流量为2.8m³/s，可作为晋安湖补水稳定水源（图5-3-6）。

（3）补水方案

通过多方案比选，确定晋安湖的补水方案（图5-3-7），即补水期间关闭晋安湖2号、3号水闸闸门，开启晋安湖1号、4号水闸闸门，保持湖体景观常水位，补水水量由1号水闸进入湖体，从4号水闸排出。运用二维水动力模型，模拟分析湖体内的水利特性与水体交换情况，如图5-3-8～图5-3-10所示。

从水位上看，晋安湖湖体水位基本保持在4.5m，在晋安湖入口、出口及其他湖体扩缩口区域存在一定变幅。

从流速上看，晋安湖整体流速较小，介于0～0.06m/s，与凤坂一支河连接的东北侧区域及“湖心堤”局部区域流速基本为0m/s。

2. 湖体内部水循环

由于湖体面积大，湖体补水工况复杂，在生态补水工况下，湖内也还存在一部分死水区域。死水区域水体长时间无法交换，较易发生水体富营养化问题。为此，通过设计湖内水循环方案，解决湖体水流死角的问题。结合晋安湖总体开挖方案，通过二维水动力数学模型对

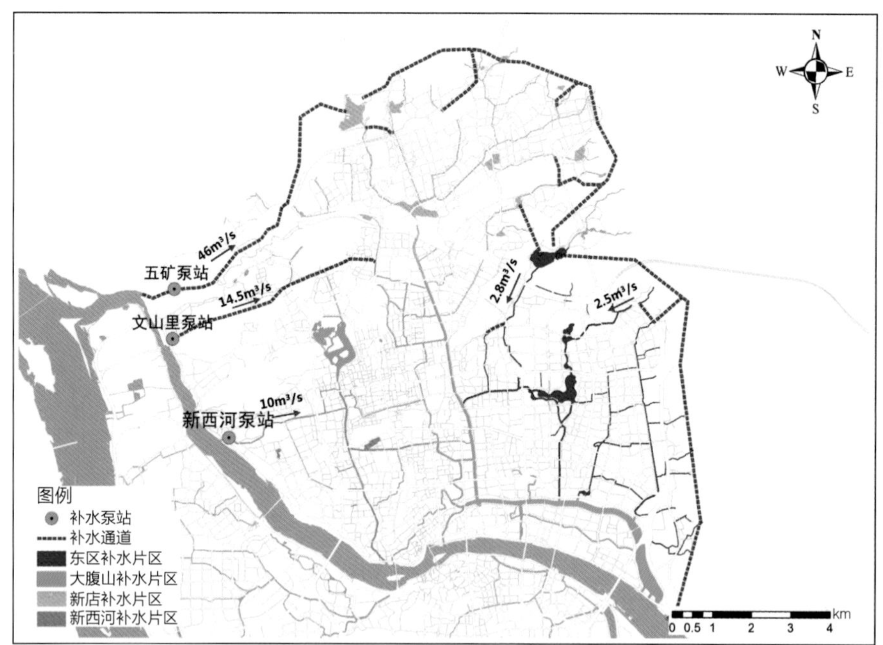

图5-3-6 福州市江北城区远期生态补水工程示意图
（来源：蔡辉艺 绘）

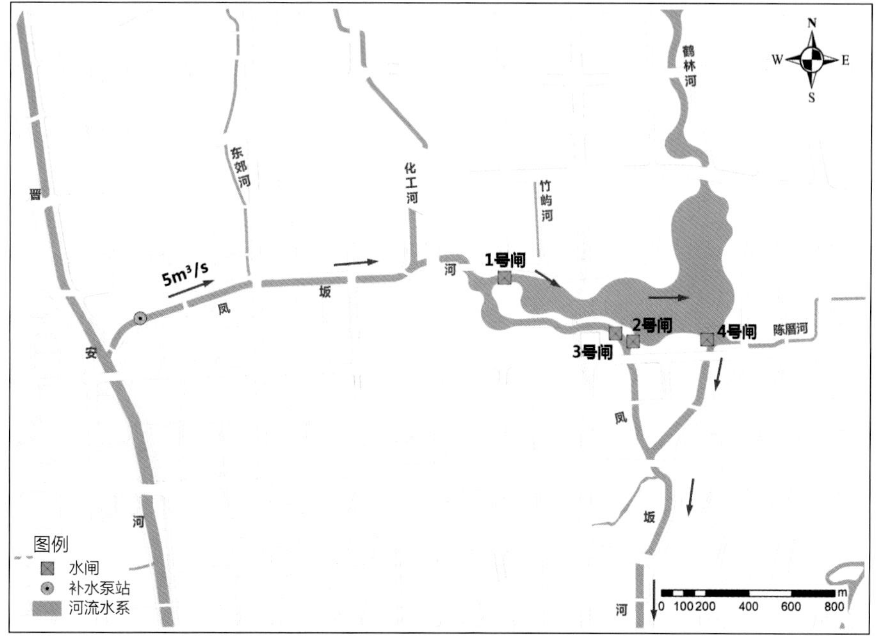

图5-3-7 晋安湖补水方案示意图
（来源：蔡辉艺 绘）

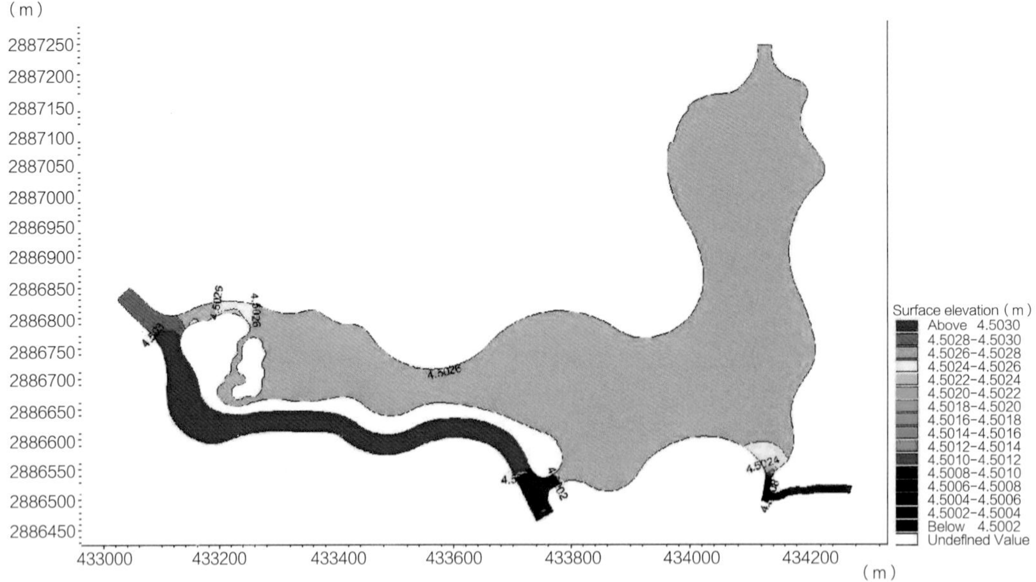

图5-3-8　补水后晋安湖水位分布成果
(来源:《晋安湖项目工程可行性研究(报批稿)》)

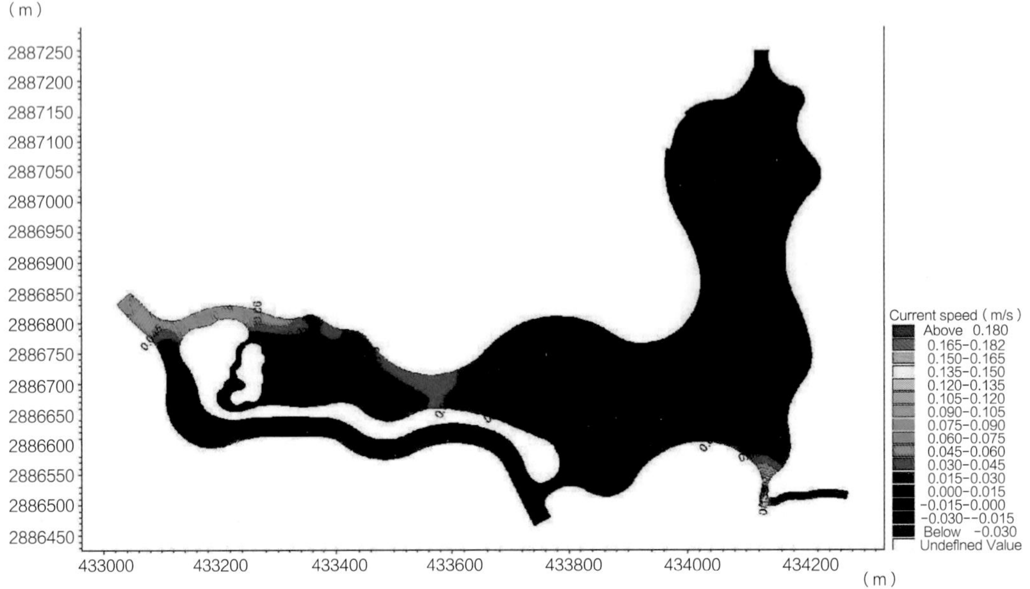

图5-3-9　补水后晋安湖流速分布成果
(来源:《晋安湖项目工程可行性研究(报批稿)》)

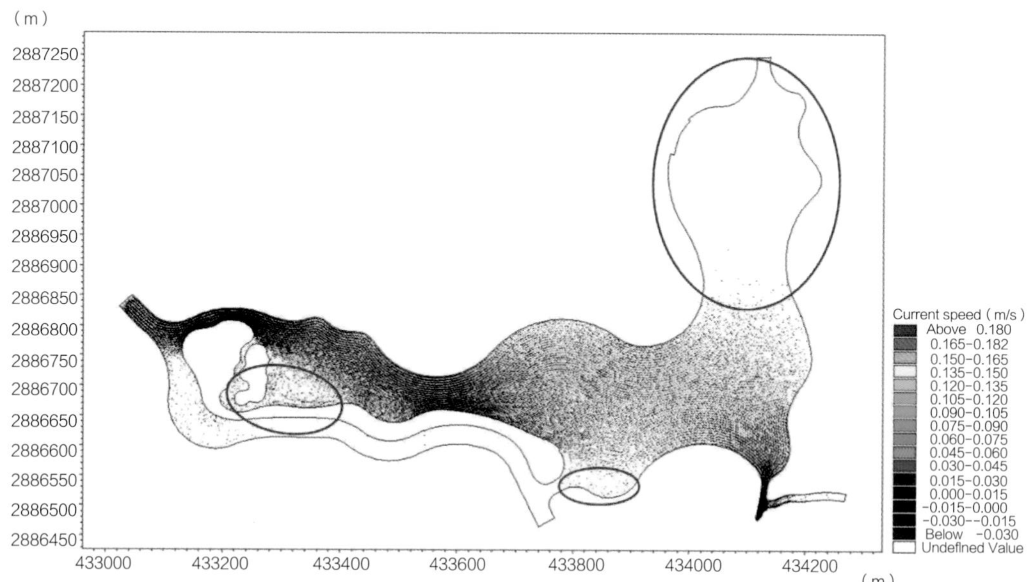

图5-3-10　补水后晋安湖流速矢量成果（红圈标识区域流速基本为0）
（来源:《晋安湖项目工程可行性研究（报批稿）》）

晋安湖近期补水及远期补水工况时水动力形态进行模拟分析，不断调整补水点位置及补水流量，分析补水效果，确定内循环补水方案。

通过不断地对比分析，整个湖体湖内共设置11个补水点，共计补水流量3.3m^3/s，确定2台补水水泵，补水管道环湖布置。通过分析，采用补水设计方案时，能够很好地解决湖体东北侧区域及湖体西侧区域水体交换不畅的问题，避免形成大片死水区域，也能为湖内水体提供较好的交换条件。

第四节　中观尺度——近自然生态水岸的构建

晋安公园的设计全面体现了福建省“万里安全生态水系”理念[①]。在流域尺度，完善了城市的内河水系格局，其水体不仅是重要的景观，更对片区水安全具有积极作用。同时也通

① 福建省水利厅，福建省财政厅．关于开展万里安全生态水系建设的实施意见［EB/OL］．(2015-07-30)［2023-02-1］．https://slt.fujian.gov.cn/ztzl/wlstsxjs/201507/t20150730_3573969.htm.

过晋安湖水体的内外联动，保障了水体的水动力和水质水环境的基本稳定。以此为基础，全面推广实施近自然的水体和生态水岸，增加河岸与河流水体之间的水量交换和调节，提升河流水系的生态性。另外，植被缓冲带可削减入河（湖）径流污染负荷，提升河湖水系水环境质量。最终实现有河、有湖、有溪、有潭，岸上岸下一体化设计建设，既有安全稳定的河湖岸坡，又有自然弯曲的河岸线，亲得了水、藏得住鱼虾。

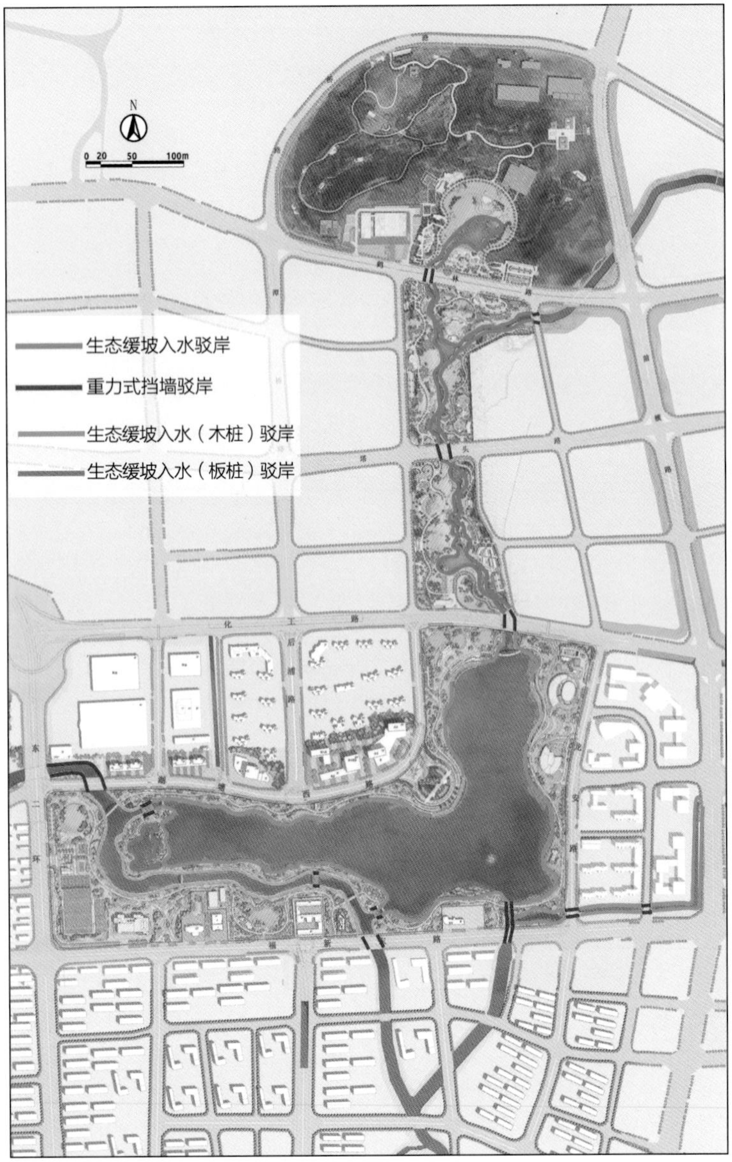

图5-4-1　晋安公园驳岸类型图
（来源：方晨　绘）

一、河湖岸线的类型设计

1. 近自然岸线的构建原则

晋安公园作为一个践行安全生态水系为特点的滨水公园，河流顺应自然，把生物措施和工程措施结合起来，恢复河流生态环境，重塑健康自然的弯曲河岸线。水岸设计遵循“安全性、生态性、景观性”的原则，在满足河道功能和防洪稳定的要求下，遵循水动力学的规律布置自然曲折的岸线，综合考虑了工程设计、生态环境修复、景观设计等多方面因素，尽量减少刚性结构，增强岸线的“软效果”，旨在构建一个稳定、美丽、可持续发展的水岸生态系统。

河流两岸缓坡入水的生态岸坡，让市民更加贴近自然，与自然环境相融和谐，让游客尽享自然气息和生态环境氛围。除了与水闸、桥梁、广场等建构筑物衔接处为重力式挡墙驳岸外，岸线设置充分结合景观空间，尤其注重岸线的自然形态，利用点、线、面相结合的方式，形成自然、生态、多变的滨水景观，也为各种生物提供了适宜的栖息和繁殖场所（图5-4-1）。

图5-4-2 凤坂一支河具有“弹性”的生态缓坡型岸线
（来源：王文奎 摄）

图5-4-3 杜苏芮台风洪水淹没的痕迹
（来源：晋安区园林中心 提供）

2. 晋安公园的驳岸类型分布

（1）凤坂一支河的岸线形式

晋安公园整体地形呈北高南低之势，凤坂一支河和牛岗山的雨花溪湖溪涧体现了山地型溪流的特征。上游仅约3.77km^{2}汇水面积，坡降比较缓0.5‰~1‰，平时涓涓细流水量较少，50年一遇有45m^3/s洪峰流量。溪流在流经不同的地形时，形成跌水、浅滩、深潭等近自然风光。这些水文特征不但增加了溪流的观赏性，而且为不同的生物提供了多样化的生境，同时也对维持生态系统的稳定性和多样性起到了重要作用。

河道采用近自然的理念和技术，采用自然的材料进行施工，特别是尽可能避免生硬的“U”形河道断面和直立式的驳岸。凤坂一支河水岸断面的设计充分依据水文的特性，通过汛期流量流速的反复校核，不断地调整地形设计扩大河流行洪时断面，将平时和洪时相结合，满足“弹性”设计要求（图5-4-2、图5-4-3），汛期可以扩大过洪断面，满足行洪安全要求。蜿蜒的河流形态，进一步将大部分河段平时和汛期的流速降低到2m/s以下，满足以生态护岸和近自然植物护坡的水文前提条件，为生态水岸的打造奠定基础。

（2）晋安湖的岸线形式

南侧的晋安湖依着公园的总体布局，园内拟开挖约40hm^{2}的湖体及部分河道，地面标高为6~7m，湖（河）底标高为1.5~2m，驳岸高度为5~6m，驳岸线总长约5.7km。晋安湖河湖分离，湖体岸线形似双如意，总体水流平缓，除了局部水闸上下游段、步道下穿道路段、滨水广场及临水建筑段采用硬质亲水岸线外，大部分驳岸采用自然缓坡入水，其岸线设计以自然、生态、环保为原则，最大限度减少人为的刻意修饰，以保持近自然风貌（图5-4-4）。在设计时充分考虑水位变化，留出适当的水下空间，以增强水陆之间的生物交流。保护部分原有

图5-4-4　晋安湖边硬质和自然缓坡式多类型的岸线
（来源：高屹、王文奎 摄）

植被，并增加植被的多样性，以提高生态系统的稳定性。在岸线与人之间考虑安全性，设置适当的2m以上的安全退距及防护措施，避免水位过高或过低时产生安全隐患。

（3）凤坂河的岸线形式

凤坂河位于晋安湖南侧，为主要行洪河段，它是晋安湖“河湖分离”治水理念的主要实践之一。湖体内的凤坂河长约1km，宽约30m，汛期短时流速较高。因此，在保证总体顺畅的基础上，岸线走向略有蜿蜒，局部结合游船码头的位置设置内弯，整体避免了平直的渠道化。同时，作为上游晋安河流经化工河汇入湖体的重要排洪河道，必须保障河道的安全稳定，采用“下硬上软”的形式，在常水位下为硬质驳岸，采用结构稳定、抗冲刷的板桩基础，常水位上尽可能采用自然放坡加绿化植被，兼顾安全性、生态性和景观性（图5-4-5）。

图5-4-5　凤坂河“下硬上软”近自然岸线（台风汛期）
（来源：王文奎 摄）

二、生态驳岸的做法

1. 地质条件

（1）凤坂一支河段地质条件

凤坂一支河从北向南贯穿鹤林生态公园段，同时北接牛岗山雨花溪湖。根据地质勘探资料，该河流所在区域以山麓斜坡堆积为主，局部处于山前冲洪积地貌过渡交界，场地内填土以下大部分为坡残积土及不同风化程度的花岗岩层组成，局部存在黏土和淤泥层，层厚为0.8～11.7m，从薄变厚，地层分布均匀性较差。总体上，上部地基稳定性较差，但是下部稳定性较好，在河流两岸绿地较为宽阔的地带，基本可以满足缓坡入水生态型湖泊的承载力要求。上部各岩土层的分布情况及其主要特点和计算参数如下：

①杂填土：杂色，稍密为主，局部松散、中密或密实，稍湿，主要成分为周边基建工地建筑垃圾，含水泥块、碎砖块、碎石及黏性土，局部有少量生活垃圾。上部填土堆填时间较短，为1～5年，局部为新近堆填，下部填土多为老填土，堆积5～10年。硬杂质含量＞30%，硬杂质粒径多为30～80mm，成分杂、均匀性差。该层揭示厚度为0.4～11.3m，平均厚度为3.27m。

②黏土：局部为粉质黏土。灰、褐黄、灰绿色，可塑为主，局部硬塑，湿，黏性较强，无摇振反应，捻面较光滑，有光泽，干强度及韧性中等，局部夹少量细砂。揭示厚度为0.5～8.2m，平均厚度为2.8m。

③淤泥：局部为淤泥质土。深灰、浅灰色，饱和，流塑状态；含白云母片及腐殖质，有腥臭味；摇振反应慢，有光泽，捻面光滑，干强度与韧性中等。揭示厚度为0.8～11.7m，平均厚度为4.81m。

④粉质黏土：局部为黏土。灰黄、褐黄色，硬塑—可塑，湿，含铁锰结核、氧化物及少量粉砂、碎石，黏性较强。捻面较光滑，有光泽，无摇振反应，干强度与韧性中等。揭示厚度为2.9～10.2m，平均厚度为6.11m。

各主要岩土层的计算参数如表5-4-1所示。

场地内主要岩土层的计算参数©福州市勘测院　　表5-4-1

类别	容重（kN/m³）		压缩模量	天然抗剪		承载力容许值（kPa）
	天然	饱和	Es0.1-0.2（MPa）	黏聚力（kPa）	摩擦角（°）	
①杂填土	18.5	19	—	8	12	80
$①_1$素填土	16	17	—	6	10	70

续表

类别	容重（kN/m³）		压缩模量	天然抗剪		承载力容许值（kPa）
	天然	饱和	Es0.1-0.2（MPa）	黏聚力（kPa）	摩擦角（°）	
①$_2$填（含泥）粉砂	17	18	（28）	2	18	110
①$_3$填块石	21	22	（40）	2	35	300
②黏土	18.78	19.5	5	28.14	14.35	120
③淤泥	16.07	16.5	1.94	10.76	6.14	50
④粉质黏土	19.21	19.5	5.49	34.83	16.84	160
④$_1$（泥质）砾砂	19	19.5	（36）	4	26	260
⑤卵石	21	22	（40）	5	35	400
⑥坡积粉质黏土	19.05	19.5	5.29	30.47	17.78	220
⑦残积黏性土	18.64	19.5	3.97	23.82	19.39	230
⑧全风化花岗岩	19	19.5	（40）	25	25	300
⑨砂土状强风化花岗岩	21	21.5	（50）	30	30	500

（2）晋安湖和凤坂河段场地地质条件

晋安湖及公园内凤坂河段所在场地总体地势较低，较平坦，是福州地区典型的冲淤泥积平原地貌。根据地质勘探资料，该湖体内上部地层主要①杂填土、②黏土、③淤泥、④粉质黏土，厚度20～30m；中部为⑤淤泥质土、⑥（含泥）卵石，局部含有④$_1$（含泥）砾砂、④$_2$（含泥）中细砂；下部为⑦全风化花岗岩和⑧砂土状强风化花岗岩。该场地浅部的淤泥层，厚度较大，土体承载力较差，该层的典型特征描述如下：

③淤泥：淤积成因，场地内广泛分布。深灰色，饱和，IL =1.01～2.16，流塑，含腐殖质，有臭味，部分不均匀夹薄层粉砂或中粗砂，摇振反应慢，捻面较光滑，有光泽，干强度及韧性中等，平均压缩系数1.39MPa^{-1}，属高压缩性土层，欠固结，中—高灵敏度。具有含水率高、孔隙比大、压缩性高、抗剪强度低、力学性质差、灵敏度高、结构性强等特点。极易被扰动。地基稳定性差，均匀性一般。厚度为4.5～23.2m。

由于晋安湖的驳岸线邻近城市道路和各类场馆，凤坂河又是主要行洪河道，驳岸高差较大，对结构稳定性的要求更高，因此该场所的生态驳岸需要特别强化结构强度。场地内各岩土层计算参数如表5-4-2所示：

各岩土层的计算参数©福州市勘测院 表5-4-2

类别	容重 kN/m³	饱和容重 kN/m³	天然抗剪		饱和抗剪		承载力容许值（kPa）
			黏聚力（kPa）	摩擦角（°）	黏聚力（kPa）	摩擦角（°）	
①杂填土	17.0	17.5	8.0	12.0	8.0	8.0	80
②黏土	18.36	19.5	31.4	14.0	25.0	12.0	120
③淤泥	15.81	16.0	11.3	8.1	8.2	3.3	45
④粉质黏土	18.64	19.5	34.9	15.5	28.0	14.0	160
$④_1$（含泥）砾砂	20.0	20.5	2.0	28.0	2.0	25.0	200
$④_2$（含泥）中细砂	18.5	19.0	2.0	25.0	2.0	23.0	160
⑤淤泥质土	16.77	17.0	16.7	10.9	12.0	10.0	60
⑥（含泥）卵石	21.0	21.5	2.0	33.0	2.0	30.0	350
⑦全风化花岗岩	20.0	21.0	25.0	25.0	22.0	22.0	300
⑧砂土状强风化花岗岩	21.0	21.5	30.0	30.0	25.0	25.0	500

2. 多类型生态驳岸做法

生态驳岸指采用自然、生态、美化的材料进行驳岸加固，或者采用大自然的材料和植被对人工材料加固后的驳岸进行遮挡修复，使修复后的驳岸视觉上给人柔和、生态的感觉。根据晋安公园岸线的规划和场地的地质条件，本工程采用多种类型的生态驳岸，根据材料和做法进行分类如下：

（1）缓坡入水型水土保护毯驳岸

凤坂一支河上游河底地层稳定性较好，加上河道的溪流与公园绿地整合为一体，过洪断面大，形成自然缓坡型河流断面，涝水位线隐藏于两岸的缓坡中，常时流速小于0.5m/s。通过坡面铺设水土保护毯，增加防冲刷性，再结合主体采用水生植物、湿生植物和置石相结合的形式，营造了丰富多样的近自然花溪水岸。设计断面如图5-4-6所示，建成实景如图5-4-7所示。

（2）缓坡入水型木桩驳岸

晋安湖湖体岸线较长，根据地质条件下部存在较厚的淤泥，开挖过程容易移动溜滑。结合湖体弯曲分布的岸线，在常水位下分别采用单排木桩、双排木桩和单双排木桩结合作为基本的结构支护，坡面再结合水生植物、湿生植物和天然石块等营造自然生态的驳岸。设计断面如图5-4-8所示，建成实景如图5-4-9所示。

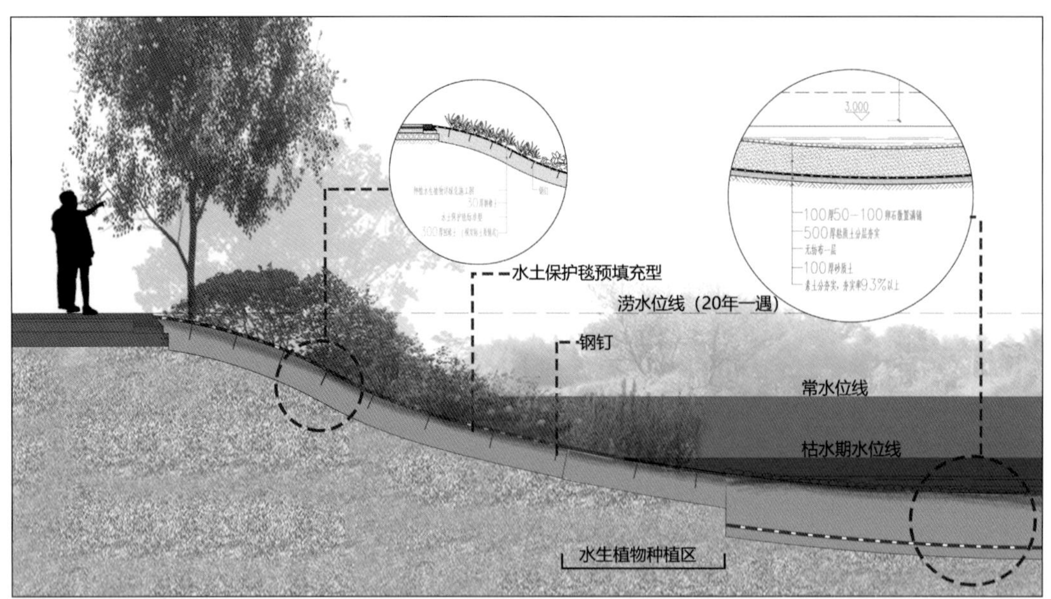

图5-4-6　缓坡入水型水土保护毯驳岸设计断面示意图（单位：mm）
（来源：邱小平 绘）

图5-4-7　凤坂一支河缓坡入水型水土保护毯驳岸完成实景图
（来源：高屹 摄）

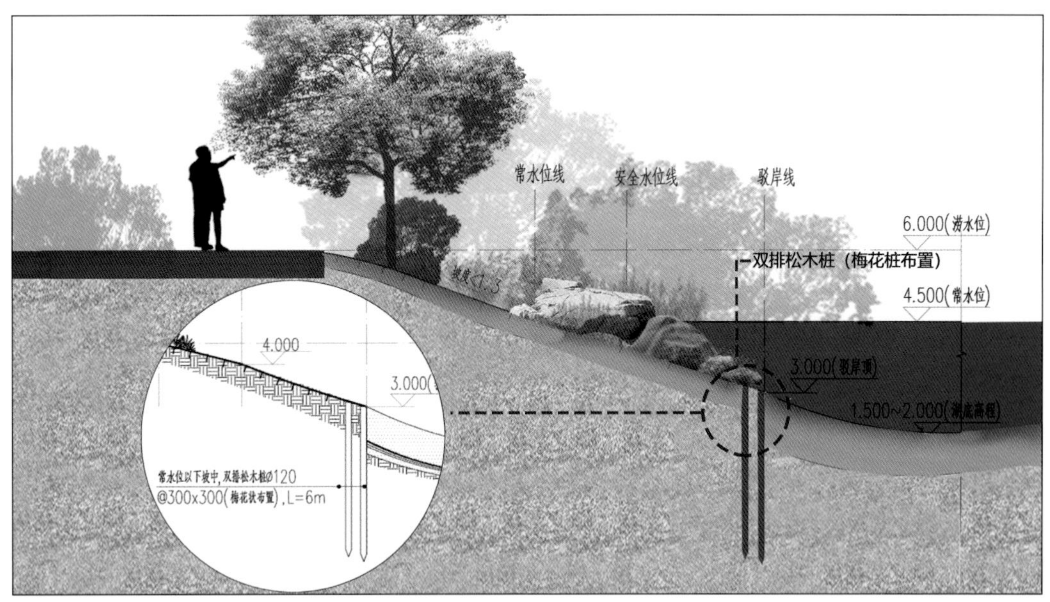

图5-4-8 缓坡入水型木桩驳岸设计断面示意图（单位：mm）
（来源：邱小平 绘）

图5-4-9 晋安湖缓坡入水型木桩驳岸完成实景图
（来源：高屹 摄）

（3）直立板桩驳岸

凤坂河行洪河段，水流较急，流速较大，驳岸的抗冲刷要求较高；晋安湖湖体游船码头、局部临近重要水工和建构筑物岸线，驳岸结构承载力要求较高。结合该区域内地质情况较差，上部为薄层填土，下部为厚层淤泥（厚度为10～20m），驳岸基础的稳定性较差，为了提高抗冲刷能力和整体稳定性，在常水位下分别采用单（双）排板桩+桩前砌石护面+被动区加固；在常水位以上则按照水土保持护毯护坡的方法，坡面再用水生植物、湿生植物和天然置石营造自然生态的岸坡。设计断面如图5-4-10所示，建成实景如图5-4-11、图5-4-12所示。

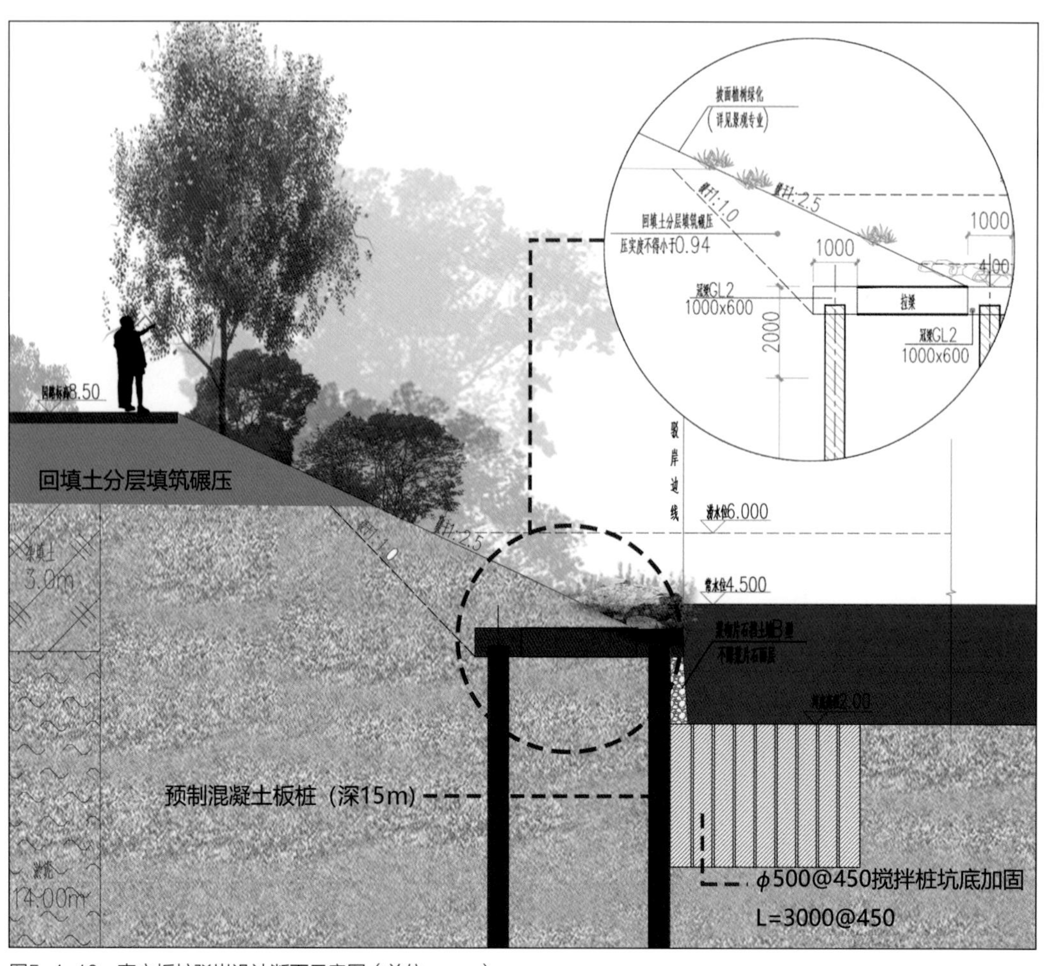

图5-4-10　直立板桩驳岸设计断面示意图（单位：mm）
（来源：邱小平 绘）

图5-4-11　凤坂河硬质驳岸施工图
（来源：王文奎 摄）

图5-4-12　凤坂河硬质驳岸完成实景图
（来源：王文奎 摄）

（4）叠层石笼驳岸

凤坂一支河中上游部分段落，河道存在落差，流速较大，以及部分凹凸岸受冲刷影响，通过坡面铺设水土保护毯无法满足抗冲刷要求。因此，为增加防冲刷性，采用石笼进行坡脚反压，坡面采用水生植物、湿生植物和置石相结合的形式，营造了丰富多样的近自然花溪水岸。设计断面如图5-4-13所示，建成实景如图5-4-14所示。

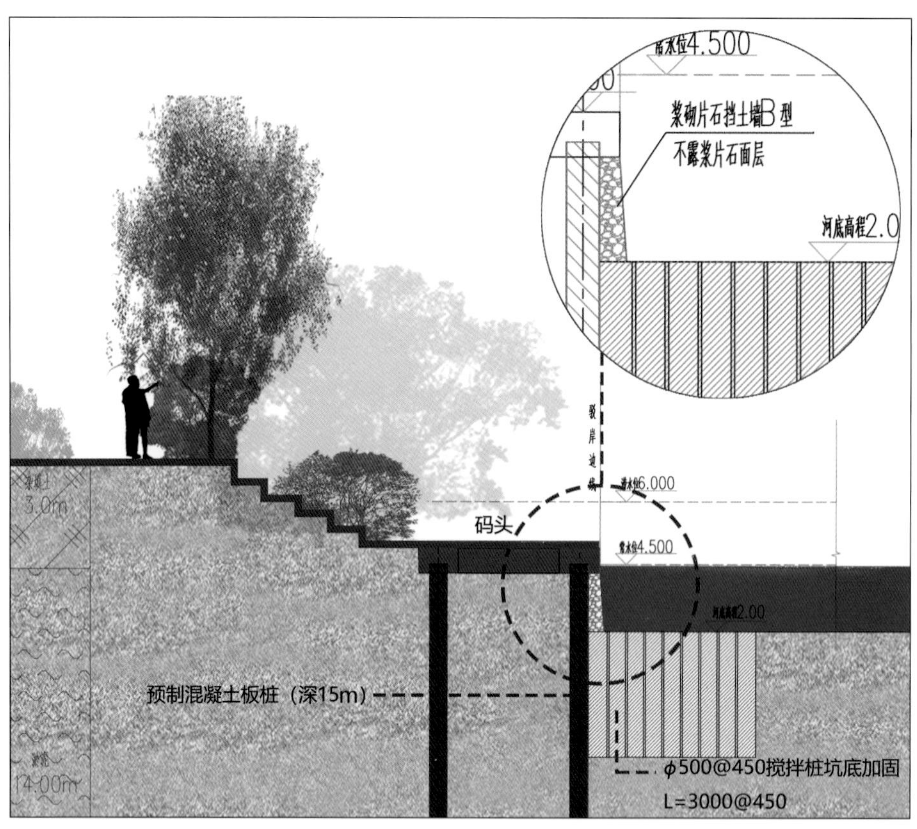

图5-4-13　叠层石笼驳岸设计断面示意图（单位：mm）
（来源：邱小平 绘）

图5-4-14　叠层石笼驳岸完成实景图
（来源：高屹 摄）

（5）挡墙驳岸

由于驳岸沿线周边环境较为复杂，临近桥台或连接既有凤坂河，为了交界段较好地顺接，综合考虑则采用挡土墙驳岸进行支挡，挡墙材料根据现场可采用浆砌片（毛）石、片（毛）石混凝土等，墙顶根据场地条件，若有放坡则坡面采用水生植物、湿生植物和置石相结合的形式，营造了丰富多样的生态美感。设计断面如图5-4-15所示，建成实景如图5-4-16所示。

目前，晋安湖已经储水，凤坂一支河和凤坂河均已通水，驳岸也基本施工完毕，从开始施工至今，经历了多场台风和暴雨，驳岸稳定，无冲刷的现象，未发生开裂变形，驳岸景观效果良好。通过监测数据显示，水平和沉降各项监测数据结果也均小于规范要求，说明该多类型加固方案效果均较为理想。

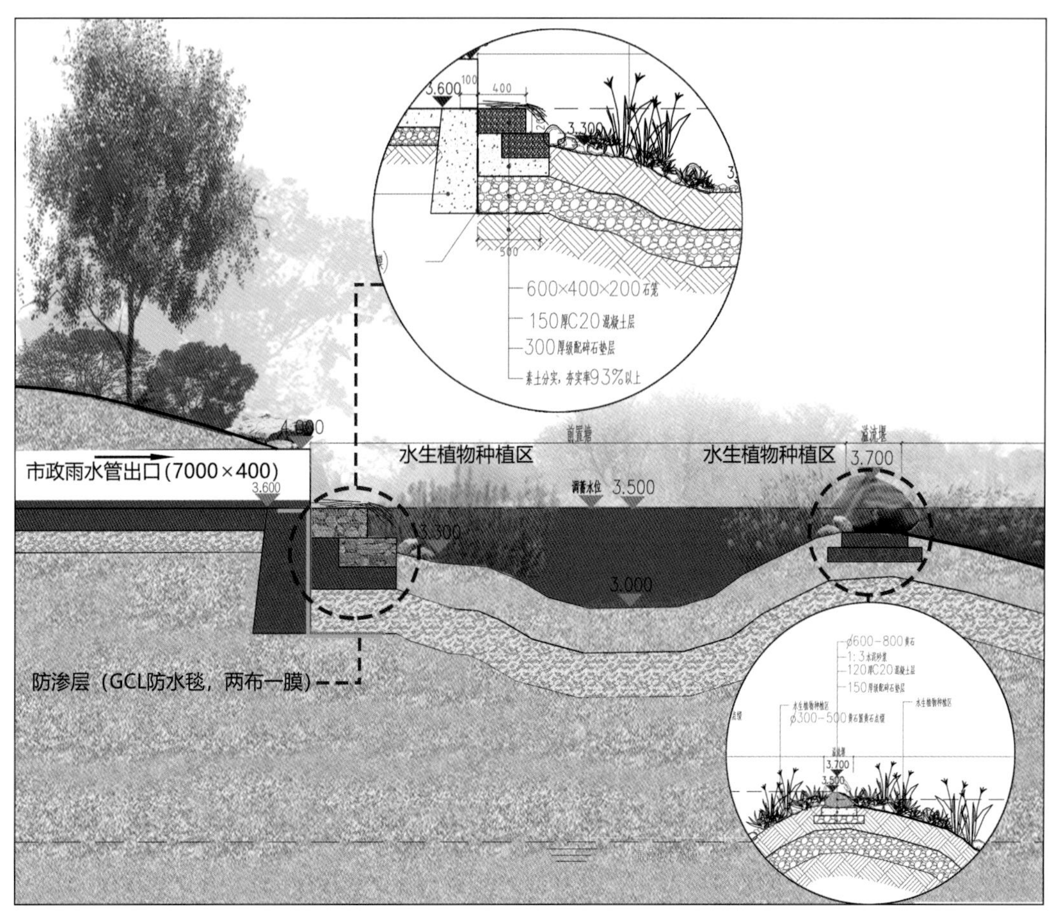

图5-4-15　挡墙驳岸设计断面示意图
（来源：邱小平 绘）

图5-4-16　晋安湖挡墙驳岸完成实景图
（来源：高屹 摄）

3. 河湖开挖与生态驳岸建造的协同

根据河湖的开挖形式和难度，本公园内的河道和湖体既在水上有河湖的加宽扩容，又在旱地进行新增开挖修建。针对以上两种不同工况下的河湖开挖，其驳岸施工的要求也不一样。

晋安公园以河湖开挖为主，与驳岸的施作相协调。对于有支挡加固的驳岸，应在支挡施工完毕后方可进行土方开挖；对于缓坡入水断面驳岸，应从中心向两侧或四周进行土方开挖，驳岸应结合缓坡断面进行修复，严禁陡直开挖，若开挖过程存在严重流泥，可采用固化剂进行固化后再开挖。

水上既有河湖驳岸的加宽施工难度较大，既要考虑对拟建场地进行围堰阻水，也要保留既有河湖的水体流动。本场地内结合水位和水流情况，分别采用沙袋阻水及钢板桩围堰。而旱地驳岸的施工需要考虑的是开挖坑槽之后的坑壁坍塌，应根据开挖深度做好基坑支护。

第五节　微观尺度——场地的低影响开发（LID）技术示范

晋安公园作为海绵城市的系统工程，除了宏观层面构建水安全、水动力；中观层面全方位构建生态河湖；还在微观层面，即公园的下垫面重点体现了低影响开发（LID）技术的集成，如雨水花园、下凹绿地、植草沟、透水地面等，这些技术和场地景观设计巧妙协调融合，成为公园景观的一部分，并且通过对雨水的渗透、储存、调节、传输与截污净化，有效控制径流总量、径流峰值和径流污染，对缓解城市内涝，提升河湖水系水环境质量具有重要作用。

一、场地的LID技术路径

在晋安公园的场地设计中，将低影响开发措施充分应用于公园中，通过生态水系、地形塑造、植物增渗、层层拦截、末端收集和水系蓄水等措施进行综合设计，形成兼具雨水吸纳、蓄渗、缓释与园林景观相结合的海绵公园。整体上围绕“渗、滞、蓄、净、用、排”六字方针，遵循生态优先、安全为重，因地制宜、源头减排、过程控制、末端处理的原则，公园场地的低影响开发雨水系统主要流程如图5-5-1所示。

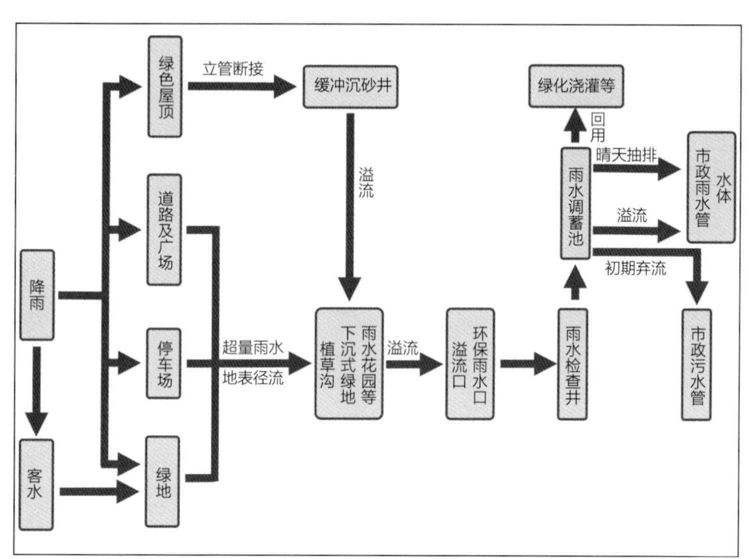

图5-5-1　公园场地低影响开发雨水系统主要流程图
（来源：李乐闽 绘）

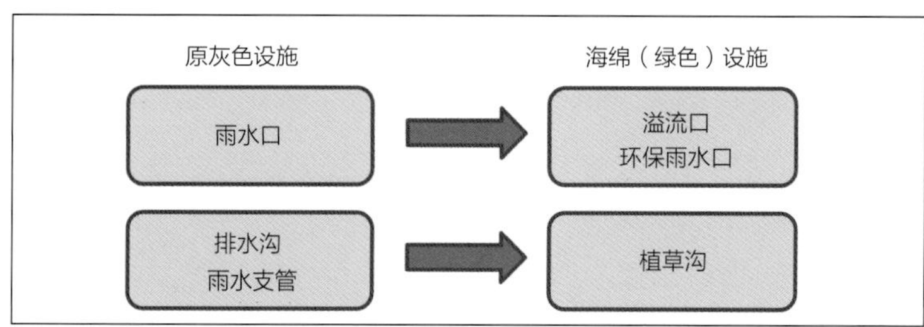

图5-5-2　原灰色设施→海绵（绿色）设施的设计转变
（来源：李乐闽 绘）

通过对竖向、坡度等进行综合平衡，原来一些公园灰色设施的设计方法，按照低影响开发的设计理念，调整为对应的绿色设施（图5-5-2）。将原就近快速排放的设计思路调整为通过低影响开发设施延长雨水径流时间、错峰排放、先绿后灰。采用的各种低影响开发设施，也综合考虑景观、绿化、给水排水、建筑等各专业的要求及后期的管理维护成本，因地制宜，达到低影响开发（功能性）和景观效果（美观度）的有机结合。

二、主要LID低影响设施

道路、广场等采用透水铺装，公园配套服务建筑的屋顶采用绿色屋面。对园区雨水由植草边沟及旱溪收集排入花园、湿地进行生态自然处理。园区内部降雨，通过绿地渗滤、滞存后，形成的地表径流经由沿园区内道路敷设的植草边沟及斜向设置的旱溪收集，先就近排入雨水花园、湿地等，经过生态自然处理后进入河湖。园区内大部分区域的雨水，充分利用景观绿地自然渗入地下，调节地表的雨水径流，减缓初期雨水的面源污染对水体的影响，达到雨水资源综合利用的目的，同时不增加径流量，减轻市政雨水管网的压力。

1. 道路和广场的透水铺装

园区整体以生态环保的材料为主（图5-5-3）。其中，广场铺装与主园路选择主要以彩色透水混凝土为主。游步道则以陶瓷透水砖为主，局部广场铺装，为了突出主入口广场的景观

图5-5-3　晋安公园多类型的透水性地面铺装和园路
（来源：王文奎 摄）

效果，古法传承，采用离缝的海绵版大块花岗岩铺装，通过自带一定孔隙率或离缝的铺装透水，实现对降雨的自然积存、自然渗透和自然净化，多余的径流雨水再通过设计的横坡、纵坡引入周边的绿地进一步削减。

在利用透水材料铺装时，同时采用透水结构，修建渗井、渗管、渗透沟槽。在雨水传输的过程中使用透水管道，可以将雨水渗透与传输相结合。透水管上下周围回填粗砂、砾石等多孔材料，在输水的同时进行雨水的渗透。

2. 下凹式绿地

下凹式绿地低于周边铺装地面或道路（图5-5-4）。其下凹深度根据植物耐淹性能和土壤渗透性能确定，一般为100～200mm。下凹式绿地内设置溢流口，保证暴雨时径流的溢流排放，溢流口顶部标高一般高于绿地50～100mm。

图5-5-4　晋安公园典型的下凹式绿地
（来源：王文奎 摄）

3. 雨水花园

雨水花园在下凹式绿地的基础上种植配置乔、灌木和花草等植物，其深度也可加深（一般不大于0.6m）。主要通过土壤和植物滞留、净化雨水，具有良好的景观效果。通常分为简单型雨水花园和换土型雨水花园。雨水花园内也设置溢流设施，较大、较深的雨水花园宜设放空管，其外围设置安全防护警示牌（图5-5-5）。

4. 植草沟

植草沟是种有植被的地表沟渠，可收集、输送和排放径流雨水，并具有一定的雨水净化作用，可用于衔接其他各单项设施、城市雨水管渠系统和超标雨水径流排放系统（图5-5-6）。

图5-5-5　晋安公园的典型雨水花园
（来源：王文奎 摄）

图5-5-6　晋安公园的典型植草沟
（来源：王文奎 摄）

5. 生态停车场

停车场采用嵌草砖，设置海绵停车位，多余的径流雨水再通过设计的横坡、纵坡引入停车位周边绿地的低影响开发设施（图5-5-7）。

图5-5-7　晋安公园低影响开发停车场
（来源：高屹 摄）

6. 绿色屋顶

新建配套服务建筑的屋顶采用绿色屋面。其可以降低雨量径流系数，大幅度减少下游低影响开发设施的容量负荷，屋面多余的雨水再进入建筑周边绿地中的下凹式绿地、雨水花园或植草沟等低影响开发设施以及下一级的排放路径，层层削减污染物，控制径流量（图5-5-8）。

图5-5-8　晋安公园的绿色屋顶
（来源：王文奎 摄）

第六章

生境营造与植物多样性景观

来源：廖晶毅 摄

晋安公园所在地原来生态斑块少，破碎化严重，曾经是城市生物多样性的洼地，早期规划中的山体、溪流和绿地空间也各自分离。通过蓝绿空间的重新调整合并，筑山理水、生态修复和水系综合治理，不但恢复重构了快速城市化片区的蓝绿生态网络系统，丰富了山水空间格局和地形地貌，而且塑造了城市中以山林、溪流、河湖为代表的多样立地小环境，形成了丰富的生境条件。同时，将公园的植物造景和生物多样性的保护和提升相结合，特别强化了水生植物、芳香植物、引鸟植物的应用，不仅创造了优美的城市植物景观，也促进了城市生物多样性的显著提升，“鸟语花香、鱼翔浅底”成为城市中人与自然和谐共处的一处示范之地（图6-0-1）。

图6-0-1　晋安公园拥有山林、溪流、河湖等多样生境
（来源：高屹 摄）

第一节　生境营造的目的与意义

2021年10月12日，联合国《生物多样性公约》第15次缔约方大会在昆明召开，“生物多样性”成为国际范围的热点关注内容。习近平主席在致辞中指出，中国积极推进生态文明建设和生物多样性保护，不断强化生物多样性主流化。[①]

“生境”在《生态学词典》的定义是指生物个体、种群或群落所处的具体环境，它是特定地段上对生物起作用的生态因子的总和[②]。生境的多样性是生物多样性的重要基础。当下，城市居民对公园绿地的需求不断增加，拓展公园绿地、开放共享空间，可以让更多的市民亲近自然，从内心深处感受绿意、拥抱绿意，让城市更好地造福人民，也为城市生物多样性保护和发展提供了空间保障。大型公园绿地是城市中重要的自然斑块，是生态绿核，它既是城市绿地系统和城市生态环境建设的重要组成部分，也是城市可持续发展的重要蓝绿生态基础设施，最有条件创造城市环境中丰富多样的生境条件。

晋安公园具有约114hm^{2}的规模，既与周围的河网、路网绿廊紧密相连，又具有丰富的山水环境，有溪、塘、河、湖、涧、沟等多种水生环境，成为福州江北城区重要的蓝绿空间轴。这条集绿廊、水廊、风廊、生物廊、公共休闲廊于一身的生态廊道，不仅成为福州滞洪防涝、打造韧性城市的关键枢纽，也为福州中心城区的生物多样性保护和发展提供了一处不可多得的场所。

第二节　山水为本的生境营造模式

晋安公园既有保留的山林地，也有结合生态修复的人工山体，既有场地的城市内河、低洼池塘，也有通过水系治理和滞洪防涝形成的山溪型河流与城市湖体。晋安公园将生境营造充分与生态基础设施功能、场地山水风貌营造相结合，依托北山南湖，一溪贯穿的总体空间格局和场地特征，“山水为本”，针对牛岗山山地、凤坂一支河山溪河流、晋安湖滞洪湖体的不同立地条件，营造丰富多样的生境，通过封育和自然恢复、近自然场地生态修复、植被的恢复与重建、季相营造等策略来快速和显著提升城市生物多样性。

---

① 新华社．习近平在《生物多样性公约》第十五次缔约方大会领导人峰会上的主旨讲话［R/OL］.（2021-10-12）［2024.02-01］．https=//www.gov.cn/xin wen/2021-10/12/conter_5642048.htm.

② 安树青．生态学词典［M］．哈尔滨：东北林业大学出版社，1994.

一、封育并重，培植山林生态

晋安公园以北山为“背”，形成全园的高地和屏障，也成为城市公园中的山林生境，采取了“封、育”相辅相成的生境营造方法。

1. 以“封”保本

“封”指的是严格保护既有的山林地，对北部牛岗山和金狮山（总面积约8hm^2）保存较为完好、人工干扰较少的次生山林地，采取局部封山育林的措施，保留自主演替的密林区，打造一处无人进入的自然秘境本底，防止森林生态系统继续遭受破坏，倡导通过自然演替和恢复的方法，保持其自然状态，留下繁华喧闹的都市中难得的一处没有人进入的动植物栖息地（图6-2-1）。

2. 以“育”促丰

“育”则是对已经遭受破坏的山体以及堆土填筑的人工造山区域，在进行山体修复和地形塑造的过程中，通过近自然的方法，在立足于地带性植被的基础上，结合植物造景重新设计山地植被群落。和封山育林保持自然演替的山林地不同，这些区域可以结合公园景观的要求，进一步营造丰富多样的山地群落景观和生境，比如可以有春花秋叶四季景观不同的植被群落，可以有复杂多样高中低结合的混合式群落，也可以有以优势植物为主的群落，如福建山樱花林、水杉池杉林等。有趣的组合，让人们在城市的山林地中，就能够体验到自然演替和人工营造的两种山林生境，也为丰富的动植物营造了多样的生境（图6-2-1）。

图6-2-1　牛岗山山体保育与重建相结合
（来源：高屹 摄）

二、宛自天成，回归典型山溪之境

晋安公园北山南湖，一溪贯穿，连接牛岗山和晋安湖的凤坂一支河，是典型的福州山地型溪流。按照安全生态水系理念，遵循近自然的手法和中国传统理水之精髓，通过地貌的塑造、丰富水文特征、立体式布置栖息地，在城市公园中打造丰富的山溪型河流的水生生境。

1. 地形上，塑造典型山溪生境

凤坂一支河从北往南高程不断下降，结合公园的整体竖向设计，通过场地土方的挖填，形成弯弯曲曲、跌跌宕宕的山地溪流。两岸塑造出高坡、缓坡、雨水花园、浅滩等丰富多样的滨水环境，溪流中还有汀步、小岛、置石等，为一溪及两岸的生境营造留出了丰富的空间类型，不仅增加了公园的多样化视觉效果，还为不同的生物提供了丰富的生境环境，从而增加了生物多样性（图6-2-2）。

2. 水文上，优化丰富水流形态

改变渠化硬化河流单一的水文特征，通过丰富多变的河流形态，结合溪流的不同坡降，改变河流的流向和流速，模拟自然溪流的流动状态，打造急流、缓流、叠水等不同的水流效果（图6-2-3），不仅提高了水质的清洁度与水体含氧量，增加了溪流的观赏性，也为生物提供了不同的栖息地环境。

图6-2-2　近自然弯弯曲曲的溪流
（来源：王煜阳 摄）

图6-2-3　具有丰富水文特征的生态水系
（来源：王文奎 摄）

3. 栖息地上，水下岸上立体式布置

在丰富多样的河流形态和水文环境基础上，通过立体式布置，水下岸上联动打造栖息地环境。水中浅滩、置石和栖鸟桩，提供了鸟类、两栖动物的驻足觅食地（图6-2-4）；水中、水下的沉水植物和挺水植物，形成了水中植物群落，不仅净化了水体，还提供了底栖生物的适生生境；近自然的岸坡和层次丰富且茂盛的湿生植被，既能实现水体的交换呼吸，也能藏得住鱼虾；一溪两岸丰富的植物群落，乔灌草结合，更提供了多样的生境。通过以上的立体式生境设计措施，溪流景观可以得到有效的修复与保护，也提供了一个丰富多样的生物栖息环境（图6-2-5～图6-2-7）。

三、开合兼容，丰富河湖生境之美

规划的晋安湖作为福州市重要的生态基础设施，既是城市重要的滞洪防涝水库型湖体，又是城市重要的生态景观空间。湖中有岛、岛中有湖、河湖分离、开合兼容，通过堤岛结合的方式，实现晋安湖和凤坂河的分离以及水体布局的优化，提升滞洪防涝韧性功能。公园既

图6-2-4　岸上、水中立体式构建丰富的水生栖息地环境
（来源：王文奎 摄）

图6-2-5　在狐尾藻中觅食的池鹭
（来源：廖晶毅 摄）

图6-2-6　在置石上的乌龟
（来源：廖晶毅 摄）

图6-2-7　溪流的多级跌水
（来源：廖晶毅 摄）

有横阔千米、倒映鼓山的晋安湖大湖面，也有堤岛之中可见清风荷香的一片小塘；既有顺畅的河流，也有蜿蜒曲折的内港小涧；同时采用生态化岸线和护岸类型，形成了多样的生态环境和生物栖息地，展现了丰富的河湖之美。

1. 形态丰富的水体生境

大湖面是晋安湖最主要的生境之一，东西约1000m，南北约600m，山水相映。其提供了高密度城市中不可多得的广阔水域，调节了公园的气候，减缓了气温的升高，还在防洪排涝、海绵存蓄、水体净化方面起着重要的作用，更是在城市中为许多水生动植物提供了大尺度的生存和繁衍场所。

与晋安湖大湖面对应的是榕荫花堤西侧的一壶池塘，为获得“小中见大”的效果，多利用植物分隔沿池水面视野，增加层次，还进一步增加折桥、石矶、浅滩，与园路、平台、建筑相邻，土石结合、柔硬兼有、层次丰富，并利用南北小溪流连接了池水与晋安湖。与宽阔的湖面对比，形成两个疏密不同的空间，是中国传统园林“以小见大”营造方式的经典运用，创造了非常丰富的小尺度水体生境（图6-2-8）。

图6-2-8　晋安湖大小不同的水面环境
（来源：王文奎 摄）

凤坂河原为市区重要的行洪内河，典型的渠化硬化河流，是被“窒息”的河流。通过重新布局后的凤坂河，依偎在晋安湖西南，伴湖而行，不仅保持了其独立的行洪功能，在空间关系和生境上，也与晋安湖形成了一个整体。凤坂河在保证行洪顺畅的前提下，河流蜿蜒有度，自然优美，河岸常水位上乔灌草结合，保持了城市内河的自然生境景观（图6-2-9）。

2. 近自然的生态水岸生境

晋安湖避免单一的滞洪湖库水利岸线形式，在充分研究滞洪调蓄的水文条件和综合平衡库容的前提下，按照近自然的方式，采用生态驳岸和护岸类型，塑造变化丰富、形态多样的河湖岸线，为营造丰富的岸坡生境环境奠定了基础。晋安湖公园的水岸线，既有平滑的大曲线，也有曲折凹凸、水陆交错的岸线，实现了多样化的滨水空间营造、视线收放和意境打造，也形成了丰富的水岸生境景观。湖心堤岛既是河湖分离的水利工程，湖中有岛、岛中有湖，岸线变化多样，更丰富了晋安湖水面的景观要素和游览线，增加了水中生境和栖息地的多样性。

3. 多样性的滨水栖息地环境

晋安湖公园的滞洪防涝功能突出，因此相对水体面积大，岸上陆地面积较小，岸线用地较为狭长。在这样的基础上，晋安湖采用以下两种方式进一步丰富水岸的生境景观和栖息地环境。

图6-2-9　凤坂河近自然河流的生境景观
（来源：高屹 摄）

（1）通过植物种类的多样性丰富水岸生境景观

利用多种植物类型，包括乔木、灌木、花卉和水生植物，营造丰富的林缘线、林冠线，增加岸线的植物多样性。在岸边种植耐水湿的乔木，如垂柳、池杉、水杉、朴树、乌桕和小叶榕等，既具有提供遮阴和防止水土流失的作用，又增加了景观特色；在水陆交界带大量种植多种水生和耐水湿植物，如香蒲、水葱、旱伞草、芦竹、再力花、美人蕉等，形成层次丰富、种类多样的水岸植物群落（图6-2-10）。同时，这些植物还可以吸收和净化水中的营养物质，提高水质，提供更好的生境环境。

（2）通过特定植物群落营造特色水岸生境景观

一些特定的滨水岸线和水体，通过布置特定的植物群落，营造了独特的水岸生境。如“湖光杉色”景点，水岸浅滩大规模种植池杉水杉林群落，利用杉树的不同高度和形态创造出层次感和动态感，阳光照射在杉树上，树影倒映在浅滩上，既产生了杉林湿地虚实相生的效果，弱化了岸线的边界感，也能很好地净化水质，改善水岸水生态环境，同时为水生生物提供栖息地和繁殖场所（图6-2-11、图6-2-12）。映月湖中，湖边植以柳、碧桃、紫薇、池杉、乌桕等乔木，配以马樱丹、黄素馨、南天竹等灌丛，使池岸富有野趣；而湖内种植如荷花、睡莲等，也为昆虫、两栖动物和小型鱼类提供了丰富的栖息地。榕荫花堤既是河湖分离的水利工程，也是丰富晋安湖水面的景观要素和游览线，更是水中的丰富生境和栖息地，堤岛之上保留了茶会村的大榕树，成为晋安湖中的景观焦点，也成为诸多林鸟的栖息地。

图6-2-10　丰富的水岸植物和多样的滨水植物空间
（来源：高屹 摄）

图6-2-11　湖光杉色的水岸生境景观
（来源：王文奎 摄）

图6-2-12　湖光杉色的湿地秋色
（来源：王文奎 摄）

第三节　植物多样性景观营造策略

植物是城市蓝绿空间中生物多样性景观最重要的基础，具有不可替代的作用，尤其是在寻求一条可持续发展路径的当下，植物多样性的作用是毋庸置疑的。通过对福州植被区划、植物资源和场地现状植被的调查，结合公园总体设计和景观空间布局，将生物多样性保护发展和植物造景相结合，打造一个南亚热带城市中季相鲜明、物种丰富、类型多样的植物公园，是晋安公园的一个重要实践探索。

一、乡土为本，丰富植物种类

图6-3-1　风铃木、澳洲火焰木等一些新优植物种类
（来源：王文奎 摄）

合理选择植物种类是促进植物多样性发展的基础。充分利用乡土植物的生态优势，营造地域特征。在强化晋安公园乡土植物应用的基础上，兼顾新优植物种类的选取，同时防范物种入侵现象的出现。

以乡土植物为主要基底，这些植物对当地的气候、土壤、水分等条件有着很好的适应性，具有成活率高、生长良好、易于维护等优点，如小叶榕、大叶榕、香樟、乌桕、秋枫、朴树、栾树、福建山樱花、大花紫薇、羊蹄甲、白兰花、杜鹃等。这些乡土植物种类达160多种，占晋安公园总植物种类的55%以上，种植数量占70%以上，不但种类多，而且数量占主体地位，易于形成结构稳定的植被群落。外来植物主要选用经过长期实践适生福州的种类，以及少量新优品种，如蓝花楹、黄花风铃木、紫花风铃木、澳洲火焰木等（图6-3-1），共130余种。晋安公园以乡土植物为本，兼顾新优的适生花木，既体现了地带性植物的主体性，又有丰富的植物种类，增加了生物多样性，也成为市民认识植物的重要场所。

二、分区规划，体现多样类型

晋安公园“北山南湖、一溪贯穿”的总体空间结构，为营造不同的植被类型和群落奠定了很好的场地条件。按照不同的立地条件，选用多样的植被群落模式，形成了晋安公园丰富多样的生境和植物景观特色。

北部山地区的牛岗山和金狮山以既有封山育林状态的次生林群落形成天然密林区，以马尾松、台湾相思、香樟等地带性植物为主，四季常绿、高中低层次丰富，郁闭度高，人为干扰少。在人工筑山和山体修复的区域，以乡土乔木树种为主的混交林，以香樟等常绿乔木为基底，兼有黄山栾、乌桕、无患子等秋色叶树种，形成具有季相变化的密林区（图6-3-2）。结合局部的山体生态修复和海绵雨水花园，营造了一些单一物种的景观林，如福建山樱花林、水杉林等，形成主题性风景林。而在山前雨花溪湖边的缓坡场地，则打造了大片疏林草坪区和雨水花园。

中部的鹤林生态公园以凤坂一支河的山溪型河流为主要特征，重点通过场地地形结合植物群落的空间营造，将原本狭长的绿地打造成不同层次、丰富多变的空间。靠近城市边缘，通过高大的常绿乔木及开花乔木组成“工”字形自然式密林带，既形成了公园和周边城区的隔离带，又适度保持了人的视线可及公园内部。一溪两岸根据溪流的走向和地形变化，形成起伏变化的疏林草坪区域，除了注重孤赏树、林缘树的配置外，还种植了芒草、粉黛乱子草、狼尾草和多年生开花植物，成为植物景观最为丰富的地带（图6-3-3）。尤其是通过模

图6-3-2　牛岗山山地密林
（来源：王煜阳 摄）

拟山溪河流生境，沿溪种植了丰富的湿生植物和挺水植物，如再力花、香蒲、美人蕉，以及近百种花境植物，增加了植物的多样性，使凤坂一支河成为名副其实的“花溪”。

南部的晋安湖公园沿岸用地较少，但是岸线长达5.7km，需通过丰富多样的沿岸植被配置，形成疏密变化、高低不同、季相丰富的植物景观。根据沿岸形式、防护要求、景观视线组织等统筹考虑，滨水岸线形成了“密林段、疏林段、开敞段”等不同的植物空间（图6-3-4），也形成多样的水岸生境环境。为在城市街道和环湖福道上能凸显晋安湖，环

图6-3-3　凤坂一支河边的疏林草地
（来源：高屹 摄）

图6-3-4　晋安湖边疏密变化的植物空间
（来源：廖晶毅 摄）

湖多采用疏林段和开敞段的形式，临湖多为草坡缓坡与生态岸线相接，营造出一种水陆自然过渡的视觉效果，也使整个湖面看起来更加宽阔。尽管其岸上植物群落较为单一，更多的陆地空间留给了游人，但是丰富的生态驳岸类型和水生湿生植物群落，营造了可以让人亲近的、能看得见鱼虾、藏得了虫鸟的水岸生境景观。

三、强化季相，优化植物景观

福州地处南亚热带，常绿阔叶林为地带性植被的主要特征，其季相的变化不太明显。在地带性植被的常绿背景林基础上，通过重点在林缘、水边、山坡边、桥头、建筑旁等空间，尤其是孤植树、丛植树等种植形式，多选用开花和色叶类植物，凸显林相的层次性和季相的变化，实现“四季有绿，常年有花有色”（图6-3-5、图6-3-6）。并在特定的区域成规模种植开花和色叶植物，强化季相景观的规模效应，如牛岗山的山樱花林、雨花溪湖和晋安湖边的水杉池杉林、凤坂一支河边的黄花风铃木林等。一些主要的开花和色叶类植物如下：

1. 主要开花植物

（1）春季开花植物

乔木：福建山樱花、碧桃、红梅、紫玉兰、二乔玉兰、宫粉羊蹄甲、黄花风铃木、蓝花楹、台湾栾树、刺桐、鸡冠刺桐、野鸦椿。

灌木和藤本：杜鹃、茶梅、含笑、银叶金合欢、红花檵木、金银花、八仙花。

（2）夏季开花植物

乔木：木棉、大花紫薇、紫薇、红千层、鸡蛋花、阿勃勒、黄槿、合欢、火焰木、苹婆、红花玉蕊。

图6-3-5 乡土植物宫粉羊蹄甲和福建山樱花
（来源：王文奎 摄）

图6-3-6　牛岗山公园秋色叶季相变化
（来源：石磊磊 摄）

灌木和藤本：茉莉、龙船花、黄花双荚槐、蓝雪花、鸳鸯茉莉、黄婵、软枝黄蝉、雪茄花、千屈菜、栀子花、六月雪、野牡丹、石榴、夹竹桃、木槿。

（3）秋季开花植物

乔木：丹桂、金桂、铁刀木。

灌木和藤本：木芙蓉。

（4）冬季开花植物

乔木：美丽异木棉、紫花风铃木。

灌木和藤本：山茶、炮仗花。

（5）常年多季开花植物

乔木：四季桂、洋紫荆、黄花槐。

灌木和藤本：三角梅、紫花芦莉、悬铃花、扶桑、洋金凤、长春花、云南黄素馨、月季、紫蝉花、假连翘等。

2. 主要色叶植物

乔木：乌桕、无患子、池杉、水杉、黄连木、朴树、枫香、鸡爪槭、美国红枫。

灌木和藤本：红叶乌桕、红桑、朱蕉、彩叶草、红背桂、花叶络石、金叶假连翘、黄金榕、银叶菊、爬山虎。

四、重点打造、营造特色多样性景观

作为城市中心区的大型公园绿地，也是打造特色生物多样性景观的重要场所。“鸟语花香”是城市居民对大自然的向往。晋安公园通过芳香植物、引鸟植物和水生植物，营造具有丰富景感体验的生物多样性景观，感受人与自然和谐共生的美好环境，成为公园的一个特色。

1. 芳香植物

芳香植物以其独特气息增添园林景色，丰富园林的景感体验。同时，一些芳香植物的气味能够刺激神经系统，有助于人体健康。福建省芳香植物种类丰富，晋安公园顺应气候条件和土壤特性选择适合的芳香植物，通过乔灌草的搭配提高群落的丰富度，也达到多季有香的效果。

在具体应用中，晋安公园的山体、水边、沿步道两侧和建筑边多种植桂花、香橼、香樟、栀子花、米兰、九里香、鸳鸯茉莉等香花植物，营造出一种多层次林缘群落的香味体验。尤其在园路的休息区域适当配植，增加小区域景观节点的五感体验。而茉莉花作为福州市花，深得百姓喜爱。在晋安公园的开阔区域和重要地段，如牛岗山环湖区域的草坡地，在沿主园路缓坡地上种植大片茉莉花，夏季花开时节晚风拂过，形成特有的“福州味道”（图6-3-7）。

图6-3-7　公园中草坪边的茉莉花
（来源：王文奎 摄）

图6-3-8　公园中的鸟类
（来源：廖晶毅 摄）

2. 引鸟植物

鸟类在公园生态平衡中扮演着不可或缺的角色，它们的存在和活动对于维护生态平衡和环境健康起到了至关重要的作用。鸟类还是自然界的音乐家，它们的悦耳歌声能为公园带来生机和活力（图6-3-8）。同时，鸟类也是环境质量的指示器，是人与自然和谐共生的良好写照，鸟类数量的多少意味着公园生态环境的好坏。为了吸引鸟类到晋安公园，设计上采取一系列措施，除了营造良好的栖息地，建设一些鸟巢、鸟舍等设施，减少对公园生态的干扰，很重要的一个途径就是种植更多的引鸟植物（图6-3-9）。

引鸟植物的营造措施包括增加观花观果植物，为鸟儿提供蜜源和果实，同时营造安全的栖息场所和水源等。在晋安公园植物设计中按照鸟类食源树种合理搭配，适当丰富果实类型，多配置浆果类的挂果树种，增加蜜源的花木。由于鸟类在冬季和春季活动频繁，群落物种多样性较高，也最容易受到食物短缺的威胁，因此，增加冬、春两季观花、观果的树种和数量，不仅在冬季起到美化作用，也能为鸟类过冬补充必需的物质资料，维持鸟类正常生活。在晋安公园中主要种植的鸟类食源植物有福建山樱花、红果冬青、山乌桕、枫香、木棉、樟树、小叶榕、高山榕、秋枫、海南蒲桃、刺桐、莲雾、红绒球等，这些植物的果实多为鸟类喜欢取食的果实和花朵类型，且花期和果期不同，能在不同季节为鸟类提供食物。此外，在公园种植的蜜源植物如豆科、菊科、夹竹桃科、千屈菜科、鸢尾科等草本植物，也都能吸引蜜蜂、蝴蝶等来采蜜，也为鸟类提供了食物来源（图6-3-10）。

图6-3-9　铁冬青等一些植物的果实成为吸引鸟儿的食物
（来源：王文奎 摄）

图6-3-10　丰富的蜜源植物
（来源：廖晶毅 摄）

牛岗山山体北侧人工筑山区种植的福建樱花林，春季樱花开放时会吸引大量的昆虫和鸟类前来觅食花蜜，尤其是叉尾太阳鸟。而叉尾太阳鸟则成为携带樱花花粉传播到其他樱花树上的重要传粉者。除了食物关系，叉尾太阳鸟还可以通过采食昆虫控制害虫数量，起到一定的生态调节作用。福建山樱花的树冠结构和树洞也为叉尾太阳鸟提供了栖息和筑巢的场所。这种共生关系不仅丰富了生物多样性，也对生态系统的稳定和功能有一定的贡献，而这里也成了福州市观察叉尾太阳鸟的公园之一（图6-3-11）。

3. 水生植物

水生植物是指生长在水中、沼泽或岸边潮湿地带的植物。园林景观离不开水景，而水景的打造也离不开水生植物，其不仅极大地丰富了园林的水体景观，还与水质处理、生态系统保护巧妙地结为一体，为水禽和鱼虾营造了良好的栖息地（图6-3-12）。

图6-3-11　片植的福建山樱花林和叉尾太阳鸟
（来源：廖晶毅、王文奎 摄）

图6-3-12　公园中的水禽和鱼类
（来源：廖晶毅 摄）

在晋安公园中，有溪流、湖泊、池塘等丰富的水体空间，根据不同空间特点营造不同的水生植物生境。根据水生植物的生态习性适生环境和生长方式，晋安公园的水生植物可分为挺水植物、浮水植物、沉水植物和岸边耐湿植物。如在湖体的浅水区和水岸边，设计使用大量挺水植物来营造水景，这些植物的根生长于泥土中，基叶挺出水面，可以增加植物层次感，并净化水质。在湖底使用沉水植物来营造水景，这些植物的根基生于泥中，整个植株沉入水中，具有发达的通气组织，利于进行气体交换。除此之外，还设计了不同种类的水生植物进行搭配组合，以营造出更加丰富多彩的水生植物景观，比如将挺水植物千屈菜、再力花和沉水植物狐尾藻进行搭配，增加了驳岸到水体的层次感和立体感；将浮水植物睡莲和挺水植物黄菖蒲、鸢尾进行搭配，以营造出更加多样化的水面景观效果（图6-3-13）。

（1）浮水植物

浮水植物主要分布在牛岗山的雨花溪湖和晋安湖的内港湾处，植物材料有睡莲、雨久花等（图6-3-14）。在划分水面空间、改变水面色彩、增加水面景观效果方面有很重要的作用，可增加湖面的观赏价值，根系还可以吸收水中的有害物质，起到净化水质的作用，同时为其他水生植物创造一个良好的生态环境。

（2）挺水植物

挺水植物主要分布在浅水区，沿水边设置2m以上的浅水缓坡，水深不大于0.7m，既成为挺水植物的生存空间，也起到临水的安全防护作用（图6-3-15）。晋安公园通过不同挺水植物的形态搭配，比如美人蕉、千屈菜、香蒲、芦苇、菖蒲、黄花鸢尾、慈姑、茭白荀、水葱、荷花等。这些挺水植物对水体起到良好的净化作用，吸收水、底泥中的氮、磷等营养元素，细菌、浮游动物、着生藻类能吸附在挺水植物的枝干上，形成庞大的生物群落，提高

图6-3-13　鹤林生态公园茂密的滨水植物
（来源：廖晶毅 摄）

图6-3-14　雨花溪湖中的睡莲
（来源：王文奎 摄）

图6-3-15　晋安湖边的挺水植物群落
（来源：王文奎 摄）

水质的净化能力。特别是晋安湖的榕心映月湖中片植的荷花，营造出了一片如荷塘月色般的唯美景观。

（3）沉水植物

沉水植物的生境营造需要综合考虑多种因素，包括水深、光照、营养盐、底质和水质等，一般深度在1m以内，水流平缓或静止。只有在这些方面都得到合理的安排和有效的管理，才能营造出适宜沉水植物生长的良好生境，并实现其在净化水质、增加生物多样性和美化景观效果等方面的作用。晋安公园的沉水植物主要布置在牛岗山的雨花溪湖，晋安公园的映月湖以及晋安湖一些内湾处，选用的植物种类主要有眼子菜、狐尾藻、黑藻、苦草、金鱼藻等。特别在牛岗山的雨花溪湖和溪流中，将沉水植物和水体的原位生态修复技术相结合，打造了沉水植物组成的水下森林系统，湖水清澈见底，成为海绵城市和水生态修复的示范项目（图6-3-16、图6-3-17）。

图6-3-16　牛岗山雨花溪湖的水下森林系统
（来源：廖晶毅 摄）

图6-3-17　雨花溪湖溪涧的水上和水下植被
（来源：王文奎 摄）

第四节　生物多样性的保护成效

丰富的生境类型、多样的植物种类和群落形态，不仅营造了丰富的植物景观和栖息地，也引来了许多的鸟类、昆虫类和鱼类生物。通过短短的几年时间，晋安公园所在地已经从破碎化的生态斑块逐步成为福州中心城区生物多样性丰富的区域之一。

根据《晋安公园生物多样性及小气候分析研究报告》，截至2023年3月，据不完全统计，晋安公园已有植物129科209属290种，其中乔木74种，隶属29科49属；灌木80种，隶属41科63属；草本125种，隶属51科87属。从科、属分布来看，前5个优势科依次为豆科、禾本科、桑科、菊科、锦葵科。豆科18属23种、禾本科12属19种、桑科3属13种、菊科12属12种、锦葵科6属10种。

从植物物种来源来看，晋安公园有乡土物种160种，如枫香、樟树、阴香等；外来物种130种，如风铃木、三角梅、粉黛乱子草等；其中，出现频度排名前五的乔木依次为福建山樱花、香樟 、无患子、小叶榕以及水杉，均为常见乡土植物；出现频度较高的灌木依次为红花檵木、黄金榕、红绒球、毛杜鹃、琴叶珊瑚，其中琴叶珊瑚与红绒球为引入品种，其余均为常见乡土品种。以上出现频率较高的植物均非入侵植物。

晋安公园中有鸟类食源植物共有17种，隶属17科17属，其中乔木7种，灌木4种，草本植物6种。其中，牛岗山公园为鸟类食源植物最丰富的区域，主要的鸟类食源植物有福建山樱花、枫香树、樟树、榕树、秋枫、莲雾等，羊蹄甲、小叶榕等；共有蜜源植物150种，隶属于58科114属，其中乔木40种，灌木50种，草本及地被60种，前五个优势科分别为豆科、菊科、夹竹桃科、千屈菜科、鸢尾科。

鸟类种类和数量逐步增加，共记录到鸟类6目21科30属38种，占福州市记录鸟类种数的11.62%。记录到国家级保护动物14种，其中国家一级保护动物1种，为池鹭；国家二级保护动物5种，包含夜鹭、白鹭、褐翅鸦鹃、红嘴蓝鹊、画眉。此外，属于三有保护动物的有暗绿绣眼鸟、白头鸭、红耳鸭、极北柳莺。其余鸟类种群数量庞大均未被赋予保护等级或列入国家保护名录。在生态类群方面，共调查到陆禽、鸣禽、攀禽、涉禽4种，其中鸣禽30种，占有绝对优势（78.95%），其次为涉禽4种、攀禽3种、陆禽1种。

此外，还记录到昆虫纲动物9目25科39种。其中以鳞翅目最多，共15种，隶属于9科11属。记录到鱼类4目5科12种，其中以鲤形目最多，共2科7种，其中鲤科有6种，占绝对优势。昆虫和鱼类多样性也在持续提升。

第七章

福道系统和服务建筑

来源：高屹 摄

东城区核心地带的晋安公园，从城市设计的角度重新构筑了山水格局，通过山体修复、水系综合治理、生境营造，打造了福州中心城区蓝绿交织的重要生态绿芯和生态网络系统。山、水、草、木、花、鸟、鱼、虫皆构成了具有自然山水园林特征的良好生态本底。而公园作为城市最重要的公共开放空间，还应让良好的生态环境更好地造福于民。道、桥、亭、台、楼、馆、榭、轩……无论是公园之内的，还是与公园共建的城市公共设施，皆是为市民提供更好服务的构筑载体。“行有福道、憩有美宇”，所有的设施，都需统筹规划、精心设计、用心打造。既在整体上与新城区相呼应，富有时代气息，体现时尚活力和当代人文特色；又在饱含乡愁记忆的茶会、凤丘鹤林等传统风貌景区处，传承着浓厚的历史韵味，古今同构，共建共享，以人为本，体现跨越时代的多元和包容，并通过福道的慢行系统，让所有人都可以找到适合自己的开放空间和游憩之所。

第一节　慢行福道串山连水

福州“城在山中、山在城中”，山形多样；“两江穿城、百川入廓”，水形各异；又有名城的纵横巷陌，市井繁盛、文化深厚；福州是一座适合慢行的城市，福州的休闲慢行步道就以水系为骨架，将山林、公园、传统街区、小街巷和各类开放空间等进行整合连接，形成了具有山水城市和历史文化名城特色的福道网络系统。

晋安公园跨越了化工路、塔头路、鹤林路三条城市干道，南北长约2.3km，园内的福道系统依托“北山南湖，一溪贯穿”的山水空间格局，自北向南全线贯通，连接起各个景观分区和所有的设施，可以“望得见山、看得见水”，也可以品茗乐享公园和城市提供的各种服务设施。晋安公园还通过化工路、鹤林路的路侧福道，通过凤坂河、化工河、陈厝河等内河滨水福道，连接起了金鸡山、横屿山、光明港、晋安河的山水福道，共同形成了整个福州东城区的福道网络，而晋安公园犹如片区网络的核心，位于城市慢行系统最具活力的位置（图7-1-1、图7-1-2）。

一、福道线路

晋安公园内的福道充分彰显了山水形势，总长度约10.3km。其中，牛岗山步道长约3.6km，“远可见环城一重山，平可览城市山水中轴，近可亲草场潭溪”，是深受福州市民欢迎，人气旺盛的城市山地步道之一；凤坂一支河两岸步道长约2.7km，河道两岸营造丰富的竖向变化和滨水空间，是福州城区最具自然山水园特色的生态绿廊及滨水步道；晋安湖环

图7-1-1 鹤林片区横屿组团绿地及步行系统规划图
（来源：巫小彬 绘）

湖步道长约4km，不仅慢行山水大观间，还串联起了福州市少儿图书馆、福州市文化馆、区体育中心、爱摩轮商业综合体等公共文化体育及娱乐服务设施，是福州市在公园城市理念下的一条多功能步道。

晋安公园的福道主线宽度6m，全程无障碍，山地部分最大纵坡控制1：16，滨水沿线均满足20年一遇的内涝设防标准。路面主要材料为透水混凝土，既适应海绵城市建设的要求，也提供了一个较好的步行路面脚感，黄蓝并行的福道标示线，清晰而有时尚感

图7-1-2　化工路路侧福道与晋安公园融为一体
（来源：廖晶毅 摄）

鼓山
晋安湖
茶香路

（图7-1-3）。福道支线宽度1.5～4m不等，满足无障碍通行要求，滨水地带体现其亲水性，汛期兼作行洪和滞蓄空间，路面形式更加多样化，以透水砖为主，兼有块石、卵石等（图7-1-4）。

图7-1-3　晋安公园福道主线
（来源：王文奎 摄）

图7-1-4　福道支线多样的地面铺装
（来源：高屹 摄）

图7-1-5 牛岗山的双环健身跑步道
（来源：高屹 摄）

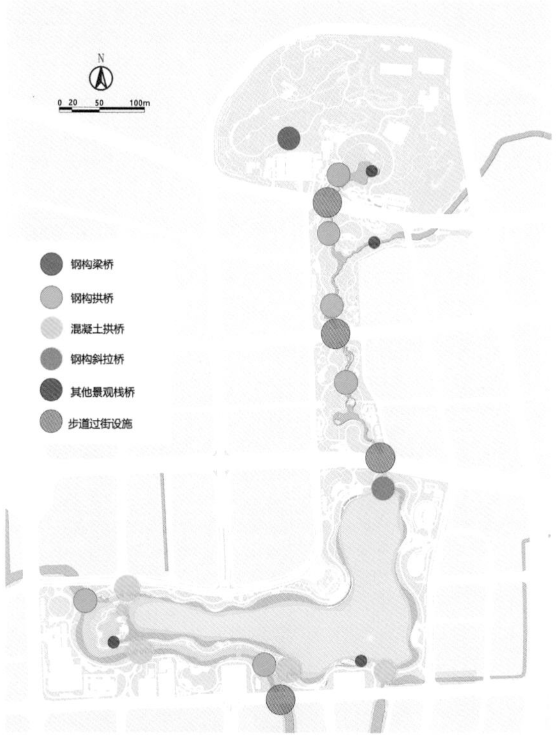

图7-1-6 晋安公园桥梁和立体通道分布图
（来源：高屹 绘）

围绕着牛岗山雨花溪湖的大草坪，特意打造了700m和500m的双环跑步道，采用了红色塑胶跑道，提供高标准的跑步体验，成为周围居民最喜欢的健身之路（图7-1-5）。

由于晋安公园有丰富多样的山水空间，福道遇到水系、山坳、市政干道等条件限制时，采取桥梁、道路下穿等措施，保证步道的连通性。这些桥梁和通道既是福道贯通的功能需要，更是福道沿线的重要景观要素（图7-1-6）。

二、景观桥梁

晋安公园福道主线共设置了12座桥梁，主要有拱桥、梁桥、斜拉桥三种类型，造型和实用性相结合，保证合理的宽度和坡率设计，不但提高了步道的顺畅性和安全性，而且为游客提供了更好的游览体验，一些桥梁成为重要的标志性景点。

1. 凤鸣桥

凤鸣桥位于晋安湖北侧，桥梁长86m、宽6m。桥梁采用独塔单索面斜拉桥，桥跨80m，上部主梁采用钢箱型，下部结构为承台肋式桥台、钢结构桥墩，钻孔灌注桩基础。凤鸣桥斜入苍穹，东望鼓山，形如凤凰展翅直指东阳与日月争辉。夜幕下桥身与湖波交相辉映，如浴火涅槃，腾空于湖面之上。雾森开时，烟雾缭绕桥身，若紫气东来引凤朝仪之景。桥身与索塔线宛如凤凰展翅，造型现代简约又不失深邃韵味。夜幕下的凤鸣桥与湖面交相辉映，如凤羽般耀眼灵动。凤鸣桥灵动的外观与摩天轮动态感形成了方圆结合的律动之美（图7-1-7）。

2. 颐韵桥

颐韵桥位于晋安湖与化工河的交汇口，是连接晋安湖西北岸重要的景观桥，桥梁总长55m、宽6m。桥梁上部结构为43m变截面钢箱梁，下部结构采用灌注桩基础接承台拱脚结构。桥立面装饰设计以浪潮翻涌为设计灵感，将浪潮变换的韵律融入晋安湖。此次设计引入参数化手段进行辅助设计，根据设计需求和影响确定相关参数，制定影响规则，运用Rhino&Grasshopper做算法编程，形成算法语言，从而形成参数化的模型构建，呈现浪潮效果的同时兼顾提升设计和施工效率。为了得到最佳观景视线，在桥中间依靠浪潮下翻将视线打开，与对岸亭台相望，形成对景（图7-1-8）。

图7-1-7　凤鸣桥
（来源：高屹 摄）

图7-1-8　颐韵桥
（来源：高屹 摄）

3. 涵波桥

涵波桥位于晋安湖西侧，是连接北园路与湖心岛重要的景观桥，桥梁总长28.4m、宽6m。桥梁上部结构为1～20m实腹式等截面圆弧式钢筋混凝土拱，下部结构为采用灌注桩基础接承台拱脚。石材贴面装饰采用复古风格，雨后色彩格外沉稳大气、古朴敦实。涵波桥为榕荫花堤北接口，古桥将人们引入到花林，樱花、垂柳相依，清风徐来，波光粼粼，柳丝袅袅飘动，樱花树下游人侃侃而谈，怡然自得（图7-1-9）。

图7-1-9　涵波桥
（来源：高屹 摄）

4. 碧波桥

碧波桥位于晋安湖南侧，是公园主园路连接花堤东侧的重要桥梁，桥梁总长28.4m、宽6.4m。桥梁上部结构为1～20m实腹式等截面圆弧式钢筋混凝土拱，石材贴面装饰。下部结构采用灌注桩基础接承台拱脚，既保证了桥体的坚固耐用，又兼顾了桥面的流畅与美观。同样作为晋安湖四座仿石拱桥之一，桥身以做旧石材装面，桥面采用石板铺贴，不仅方便行人和电动车通行，还为游客提供了优美的观赏视野。作为公园南侧的重要交通枢纽和观赏点，碧波桥不仅承担着主园路连接花堤的作用，也是南侧观湖视线的重要节点，站在桥上既可观赏北岸摩天轮和宽阔的湖面景观，又可远观福州文化馆和少儿图书馆，也可远眺鼓山风光（图7-1-10）。

5. 览胜桥

览胜桥总长38.4m、宽6.4m。桥梁上部结构为1～30m实腹式等截面圆弧式钢筋混凝土拱，复古做旧石材贴面装饰。下部结构采用灌注桩基础接承台拱脚。此桥连接花堤东侧与南侧，是公园南入口牌坊连接花堤西南侧的重要桥梁。览胜桥横跨凤坂河，不仅可以欣赏花堤上蜿蜒的绿带美景，还可以领略奔流不息的凤坂河与水平如镜的晋安湖，形成动静相融的视觉冲击。漫步桥上，远眺鼓山，东侧的晋安湖三创园正如火如荼地建设，未来将感受到自然和人文的完美融合（图7-1-11）。

图7-1-10　碧波桥
（来源：高屹 摄）

图7-1-11　览胜桥
（来源：高屹 摄）

6. 知慧桥

知慧桥位于公园榕荫花堤西北角，是主园路连接花堤“博轩雅明”节点的精致小型石桥。桥梁总长15m、宽4m。桥梁上部结构为1～7m实腹式等截面钢筋混凝土半圆拱，石材贴面装饰。下部结构采用整体式钢筋混凝土筏板。该桥为古典风格的石拱桥，造型精巧，桥名“知慧”意在慧眼识英才，共创有福之州，共绘幸福之城的美好愿景。拾级而上，与一鉴湖城形成对景，遥相呼应，站在桥上也可以观赏晋安湖宽阔的水面和摩天轮在湖中的倒影，是古今融合、拍照打卡的绝佳点位（图7-1-12）。

7. 莲香桥

莲香桥是公园榕荫花堤“博轩雅明”节点西南角莲池上的三折石板桥。石桥连接主园路与轩廊，游览者在曲折中变换视线方向，走过这座桥不仅可以欣赏到莲池的美景，也能感受到莲花散发的香气，感受曲径通幽的意境；同时可与东侧的摩天轮形成对景，做到“步移景异”（图7-1-13）。

8. 曲溪桥

曲溪桥位于凤坂一支河中，为钢构拱桥，桥梁总长60m、宽6m。曲溪桥凌驾于蜿蜒的溪流之上，故取名曲溪之桥。“曲溪”引自“清流激湍，映带左右，引以为流觞曲水”，桥与览秀楼互为对景，立于桥上，溪水的蜿蜒流动，两端景观植物与芳香植物的搭配相映成趣，溪流倒影的交相辉映，雨水花园小生态环境的虫叫鸟鸣，一幅野趣悠然，畅怀自得（图7-1-14）。

图7-1-12　知慧桥
（来源：高屹 摄）

图7-1-13　莲香桥
（来源：高屹 摄）

9. 牛岗山栈桥

牛岗山栈桥桥身为钢结构，全长约250m，为跨越山体礓口受损处。为实现牛岗山环山步行系统的完整性，同时避免对受损山体的扰动，采用栈桥形式，并同步实施山体修复，种植宫粉羊蹄甲等大花乔木。步行其上，犹如在半山花林处，还可一览晋安公园的城市中轴线，远至鼓山、三江口（图7-1-15）。

图7-1-14　曲溪桥
（来源：高屹 摄）

图7-1-15　牛岗山栈桥
（来源：高屹 摄）

三、步道过街设施

凤坂一支河自北而南流经鹤林路、横屿路、化工路三条城市主干道，为满足公园慢行系统的连通性，晋安公园主园路采用市政桥下穿越的形式，实现人车分离，无障碍连通，不受交通噪声和车辆干扰。

三处桥下过街通道，均和凤坂一支河山溪型河流断面特征相结合。鹤林路桥下净高大于4m，溪流上游汇水面积仅为牛岗山南侧山坡，水流不大，溪流两侧步道不仅成为一处过街通道，还是一处避雨纳凉和文化展示的地方。塔头路和化工路桥下净高不足2.8m，且由于凤坂一支河为山溪型行洪河道，平时为潺潺流水，但是汛期水流将达到近40m^3/s，因此桥下过街通道需平灾兼顾。河道两侧步道亲水，平时作为福道贯连整个晋安公园，但是汛期作为过洪断面，需进行人员管控，禁止通行（图7-1-16、图7-1-17）。

图7-1-16　鹤林路桥下步道
（来源：王文奎 摄）

图7-1-17　化工路桥下的步道和检修口装饰
（来源：高屹 摄）

第二节　多元化的公园服务建筑

公园中的建筑，具有使用和观赏的双重作用，在局部一些景区中，还可以形成风景主题。晋安公园的服务建筑，顺应山水地势，均衡布局，突出实用功能，既强调与公园各景区风貌的协调，又强化与周围城市风貌的呼应。既有现代时尚，也有传统形式，因地制宜、灵活多变、古今兼有，体现了公园的多元性和包容性。公园内共配建了20栋服务建筑，功能有志愿者驿站、游客服务中心、公园配套餐饮以及公园的休憩游赏服务建筑等（图7-2-1）。

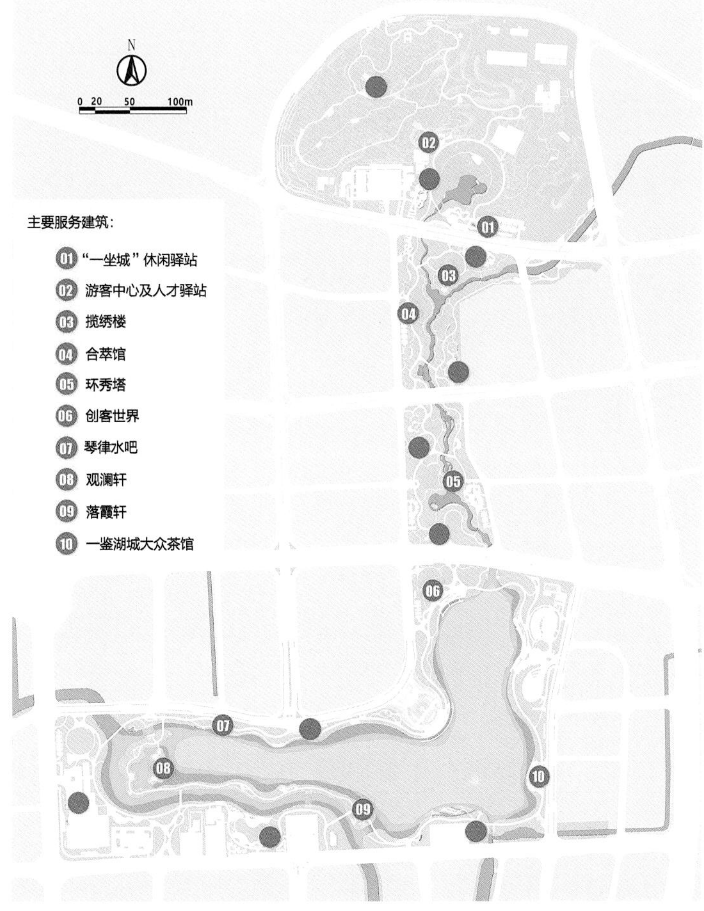

图7-2-1　晋安公园服务建筑分布图（来源：高屹 绘）

一、一坐城

位于牛岗山公园南入口，邻近鹤林路和公园停车场，是一处重要的服务驿站建筑，配置有餐饮服务、游客咨询和星级厕所，建筑面积436m^2。该建筑通过大量的灰空间，与入口广场的水景形成丰富的过渡层次，提供了室内—外廊—公园的多样服务空间。当前经营着福州本地一家著名的咖啡简餐品牌“一坐城”，装修风格时尚，以简洁明亮的色彩为主，让人感受到轻盈与清新的氛围。室内营造出舒适宜人的就餐环境与舒适、惬意的氛围，集服务、休闲、互动的都市新生代文化与需求为一体，打造城市小资生活的休闲时光，尤其满足周末家庭出游的配套服务需求（图7-2-2）。

图7-2-2　一坐城（牛岗山休闲服务驿站）
（来源：高屹 摄）

二、人才驿站

人才驿站位于牛岗山环湖塑胶跑道的西北侧高台之上，依山傍水而建。建筑面积1820m^2，由三栋1～2层的建筑以连廊形式连接，构成一个整体，建筑屋顶可作观景之用，游客登临屋顶，清秀湖光和葱郁树林尽收眼底。人才驿站作为福州市“榕博汇”人才工作成果的重要窗口，也是人才互动交流、研学会客的优质平台，增加了晋安公园的人文内涵和特色功能。馆内升级改造建成的“榕荫·书情”是福州市少年儿童图书馆牛岗山人才主题的分馆，成为亲子互动的新晋网红打卡点，为福州人才公园注入文化气息和艺术魅力。榕博汇人才驿站作为晋安公园的人才交流中心，提供了丰富的服务设施，馆内主厅设置了人才交流区，配备多媒体大屏，供人才交流、研学、亲子活动；同时还设置了人才休闲区，设置茶座、书吧，供人才休憩、会客，营造敬才、重才、爱才的浓厚氛围，彰显生态之城的独特魅力（图7-2-3）。

三、览秀楼

览秀楼位于鹤林生态公园北入口中心轴线位置，建筑面积为554m^2，建筑造型与跌落的地形相融合，犹如忽生于地面，近观退台草阶，层第有序。“览秀”二字取自“登高览胜，

图7-2-3　人才驿站
（来源：高屹 摄）

图7-2-4　览秀楼
（来源：高屹 摄）

阅园内秀色”。北向与牛岗山茉香台遥相呼应，分立轴线两端，互为对景；东望新城盛景，活力时尚。览秀楼本身设计屋顶花园生态景观，营造恬静淡然的景观气氛，给来往的游客带来一种城市中难以寻觅的静谧之感。建筑内部将建设晋安公园水系展示馆，展示馆分为“水清河畅岸绿景美”“山水城林公园之城”“晋安有园遇见幸福”三个部分，重点展示晋安公园生态治水与生态公园建设成效，展现了科学的工程技术方法与城市规划建设相结合的重要探索（图7-2-4）。

四、合萃馆

合萃馆位于鹤林生态公园内，是园内的一处自然教育展示馆，建筑面积为297m^2。展馆位于公园北部地块的西侧，平面形似两个椭圆形相互“咬合”，设计线型流畅，与周边的景观紧密融合。钢结构建筑主体轻巧、低碳环保、可回收利用，透过虚无的景观构架将内廷景致引入到合粹馆内。“萃”有聚集、汇集的含义，“合萃”寓意馆内包含着全园之精华。馆

图7-2-5　合萃馆
（来源：高屹 摄）

内有号称“福州传统工艺品三绝”之一的软木画展示品，全部来自吴芝生工作室。吴芝生是吴氏第四代传承人，由于他对传统工艺的传承与发展作出了突出贡献，在业界且在国内外享有较高的声誉。馆内琳琅满目的福州软木画作品，不仅是非遗文化展示的重要窗口，更为游客提供了全方位、深层次的教育体验（图7-2-5）。

五、环秀塔

环秀塔位于鹤林生态公园中段，是整个晋安公园最高的建筑物，塔高24m，秀景环伺，景点分布有序，远景错落有致，近景层次分明，故得“环秀”之名。坐拥葱茏万木，俯瞰公园秀色，周边植物设计四季有景，色彩纷呈。登塔可环视晋安公园盛景，领略“会当凌绝顶，一览众山小”的旷达。作为给市民登高望远的观景服务设施，满足了游客的新奇览胜心理，同时又作为园区标志性构筑物，与茉香台、览秀楼、摩天轮组成对景，为游客提供了一处拍照摄影的好去处（图7-2-6）。

六、创客视界

建筑位于晋安湖公园北门入口处，建筑面积887m^2。其中汇聚了园内中小型商业服务

图7-2-6　环秀塔
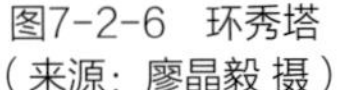
（来源：廖晶毅 摄）

图7-2-7　创客视界
（来源：高屹 摄）

设施，包括游客服务中心、咖啡厅、书屋等，为晋安三创园的发展提供了丰富的基础服务设施，打造了创业者的交流之窗与开拓视野的智慧空间。建筑平台与东北侧草坡相连，二楼观景平台设有如湖水涟漪般曲线流畅的景观廊架以及供游人休憩赏湖的休闲座椅。一杯茶，一本书，赏波光涟漪，品流云微风，孕育创客力量（图7-2-7）。

七、琴律水吧

建筑于晋安湖流韵广场南侧，建筑面积1078m^2，造型似“三角钢琴”。设计功能包含公共卫生间、小卖部等。公园配套服务建筑除承担必要功能外（如设备用房、公共卫生间等），还需满足游客驻足休憩、观景、补给的需求。建筑邻近湖体水岸，具备极好的观景条件。由于岸线自然放坡，以及受汛时水位影响，建筑采用底层架空的形式，地下室作为常水位时的休憩活动空间，主要功能布置在园内主路标高。建筑采用弧形平面，与岸线完美契合，主要景观面向湖面展开，最大程度延展观景界面。立面采用隐框玻璃幕墙，呈现无遮挡观景（图7-2-8）。

八、观澜轩

观澜轩为传统木构建筑，建筑面积为226m^2，其位于晋安湖心岛内的榕心湖东侧，是园区的极佳观景点，榕心湖可一览无余。此轩以古时文人雅士汇聚于此赏荷品茗而得名，遥观鼓山悬浮于雾色中，同时向东望去可一览晋安湖心堤的景色，于一鉴湖城大众茶馆观此处，则见几处轩廊落于湖心堤上，隐于林木间，意味深远。轩廊紧密相连，游人穿游其间，两侧观湖视角变化丰富，观外湖视野开阔，视觉效果绝佳，游人品茶赏花之余可通过解说系统了解晋安湖的前世今生（图7-2-9）。

图7-2-8　琴律水吧
（来源：王文奎 摄）

图7-2-9　观澜轩
（来源：高屹 摄）

九、落霞轩

落霞轩位于榕荫花堤东端，建筑面积约125m²，由轩榭连廊组成，造型古朴典雅。在落霞轩的连廊和亭子里，可一览全湖风貌，近距离欣赏到湖水的波光粼粼，远处杉林和一鉴湖城倒映在湖面，远眺鼓山山形连绵，湖面上的碧波荡漾，与远处的山景交相辉映，构成一幅幅如诗如画的美丽画卷。远借鼓山优美山形之景，构成远、中、近三个层次的景深，把公园东边之景与园外之景完美地融合在一起。游人既可领略晋安湖的自然风光，又能感受到到精雕细琢的人文景观，近观花堤繁花似锦，远望天轮倒映在湖面（图7-2-10）。

十、一鉴湖城

一鉴湖城位于晋安湖东南侧，建筑面积597m²，是公园一处重要的核心景点，其中观景视野绝佳的鉴湖茶馆为景点核心建筑，游人居上可一览晋安湖全景，同时是欣赏摩天轮的最佳位置。“湖城”寓意古代福州的东湖，“犹有湖塍之号”，“塍”意田地，意在过去的农

图7-2-10　落霞轩
（来源：高屹 摄）

田已旧貌换新颜，又与“城”同音取之“湖城”。“鉴”为明镜之意，一鉴湖城意在以史为鉴，品忆晋安湖的前世今生。一鉴湖城大众茶馆是游客饮茶会友、观湖赏景、品鉴美食的综合服务型空间。同时在建筑西侧滨水配建一处游船码头，为市民提供了丰富的水上游览路线（图7-2-11）。

图7-2-11　一鉴湖城
（来源：高屹 摄）

第三节　共建共享的城市公共设施

城园同构的一个重要突破，是实现城市公共文化、体育、娱乐、康体等设施与公园的共建共享。一方面，在空间上优化城市公共服务设施的布局，以公园绿地和蓝绿空间融合布置城市重要公共服务设施，让公园也成为连接城市各类公共活动的开放载体；另一方面，打破功能界限、管理界限、建设界限，倡导公园绿地和公共服务设施的开放共享，实现资源共享的最大化。这是晋安公园规划建设过程中的一个重大突破和成功，使它成为福州市包容性最丰富的城市公共服务设施公园绿地。

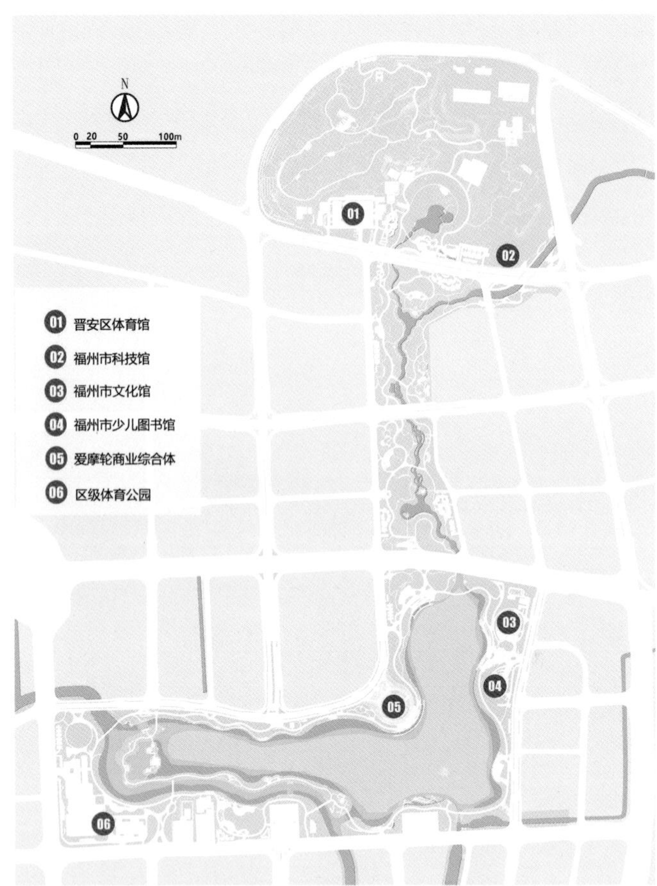

图7-3-1　晋安公园周围共建共享的设施分布图
（来源：高屹 绘）

目前，与晋安公园共建共享的城市公共设施有6个（图7-3-1），涵盖了文化、体育、娱乐等不同类型，既有市级的，也有区级的，每一处设施，因为处于城市的中央公园边，不仅成为城市关注的作品，也成为城市的地标和公园形象的一部分，成为未来共同打造城市活力中心的共同体。

一、晋安区体育馆

晋安体育馆为区级体育场馆，位于牛岗山南侧，占地面积约6954.3m^2，总建筑面积26692.53m^2。体育馆内可容纳3000个观众座椅，总投资额约1亿元。主体建筑设有符合国际比赛要求的篮球比赛场馆，首层设有贵宾大厅、裁判员休息更衣、媒体办公、运动员休息更衣等功能用房；三层设有电视评论员、扩声控制、灯光控制等用房。建筑西侧首层设有训练馆，为运动员训练及赛前作准备活动提供方便的场地，地下建筑为一层，西北侧为人防地下室区域，其他区域为地下停车库及设备用房，可提供261个停车位，可实现与晋安公园的共享使用（图7-3-2）。

晋安区体育馆开放式的场地，可以为公园提供多样的健身及休闲配套设施，同时公园的休闲广场、儿童游乐区、露天休息区等也位于附近，满足人们健身之余的休闲娱乐需求，为人们提供了一个全方位、多样化的活动空间，尤其适合家庭活动或单位团建等多数人的活动需求。

二、福州市科技馆

福州市科技馆新馆位于牛岗山公园东南角，新馆建筑为地上5层，地下2层，总建筑面积40241.81m^2（其中：地上建筑面积20717.49m^2，地下建筑面积19524.32m^2）。福州市科技馆新馆建筑外观由国际著名设计师马溯团队主持设计，新馆建筑造型酷炫，外立面整体形似脉冲波，并将计算机语抽象化融入其中。同时将化学元素的识别标志——光谱概念融入外立面设计，开创了科普展示先河；外围幕墙使用大量智能玻璃，包括户外沉浸式影院、裸眼3D等，丰富了科普展示手段，为国内科技馆首创；室内序厅还将设置一座直径17m的内外双屏球幕影院，可同时展示科普影片，为目前国内最大的内外双屏高科技展项（图7-3-3）。

图7-3-2　晋安区体育馆
（来源：高屹 摄）

图7-3-3　福州市科技馆
（来源：高屹 摄）

福州市科技馆与牛岗山公园的有机结合为人们提供了丰富的户外活动和休闲空间，建筑的5层是屋顶的空中花园，将公园的美景纳入视野，赏景一绝，既能俯瞰川流不息的公路，还可眺望牛岗山公园的碧水青山。

三、福州市文化馆（福州市非物质文化遗产保护中心）

福州市文化馆与福州市少儿图书馆相邻，承担着推进全民艺术普及和保护传承优秀文化的职能，像一艘船在文化艺术的海洋里徜徉，传承着福州城市的精神面貌和文化底蕴。项目总建筑面积27396m^2，地上建筑面积15028m^2，共5层，高23.95m，地下建筑面积12368m^2，共1层，地下车位284个。建筑形体造型呈螺旋上升态势，与南面少儿馆相呼应，犹如文化艺术之舟。设计手法上提取琴键肌理及海浪曲线元素，通过肌理简化、倾斜、包裹，从而塑造形态优美、简洁、现代的文化馆。室内空间设计将室外曲线元素延续到室内，演艺厅作为文艺观演场所，用更为直接的拟态、情景和韵律感，在一些“随形”和流动的空间设计中流露出贴近自然的浪漫与壮阔，项目建设对丰富市民文化生活、普及文化艺术有着深远的意义（图7-3-4）。

通过晋安湖公园的入口广场将建筑与景观有机结合，融为一体，形成了一个丰富的景观空间。建筑的外观和公园的景观元素相互呼应，建筑流畅的线条和颜色也与公园中的植被、

图7-3-4　福州市文化馆
（来源：高屹 摄）

地形和水景相协调，使整个区域呈现出统一的风格和氛围。

四、福州市少儿图书馆

福州市少儿图书馆位于晋安湖公园东侧，与福州市文化馆相邻，定位为面向公园和城市开放的公共阅读广场，是未成年人求知、学习、社交和成长的场所。项目占地8531m^2，约0.8hm^2，总建筑面积19485.73m^2，地上建筑面积10441.95m^2，共5层，地下建筑面积9043.78m^2，共1层，地下车位165个（其中面向社会开发65个，馆内自用100个）。建筑形体造型呈螺旋上升态势，寓意儿童成长的阶梯。外立面幕墙设计手法上提取阶梯肌理及书架形态元素，通过肌理简化、重复，从而塑造形态优美、舒展、简洁、现代的少儿图书馆。儿童图书馆是对所有未成年人开放的、具有吸引力的、有挑战性而无威胁感的地方；除满足公众阅读需求、社会教育培训之外，越来越呈现出多元化的特点（图7-3-5）。

建筑的设计与晋安湖公园中的景观元素相协调，创造出连续的观赏效果。同时，公园中的景观元素延伸到建筑区域，通过广场铺装线条、材质等向人们表达公园与建筑融合的美景。两馆建筑与广场的无缝衔接，既能满足日常的活动需求，又能让公园中的游人感受到建筑优美的形态。

图7-3-5　福州市少儿图书馆
（来源：高屹 摄）

五、爱摩轮商业综合体

地块位于晋安湖西侧，用地面积40687m^2，建筑基底面积16995.15m^2，总建筑面积128332.6m^2，建成后或将成为国内屈指可数的大型摩天轮商业综合体之一。摩天轮的建设高度不低于120m，在传统摩天轮的基础上，大力植入文化IP活动，用光影科技赋能传统摩天轮，结合城市商业和城市广场，用科技手段打造城市商业和文化新体验，打造最具影响力的地标性城市文化广场，也是福州首个屋顶摩天轮、全省最高的观景摩天轮。爱摩轮商业综合体项目建成后将与晋安湖公园共同打造集旅游观光、购物消费、休闲娱乐、文化展示为一体的多功能旅游服务载体，将提升晋安湖区域的整体板块价值，对城市的社会、经济、文化等多方面发展起到举足轻重的作用（图7-3-6）。

爱摩轮商业综合体与公园的自然景观相互映衬，形成鲜明的地标，游客在享受商场购物和娱乐的同时，也可以欣赏到公园的美景和休闲氛围，周边临水观景的景观设施提供了更为多元化的体验，吸引更多人前来参观和体验。

图7-3-6　爱摩轮商业综合体
（来源：王文奎 摄）

六、游船码头

为合理利用晋安湖资源，打造高品质的水上休闲娱乐活动，在摩天轮北侧设置一处集游乐嬉水、休闲活动、商业配套等于一体的水上休闲乐园，在丰富本身经营的同时，增加更多的游乐项目，提高亲水文化内涵，并结合周边的餐饮、商业等各种配套，进一步丰富和完善了水上游乐场所的活动内容（图7-3-7），形成“可览、可游、可参与”的环境景观。水上乐园的游船码头造型提取自福州市市花茉莉的元素，并植入福州内河旅游元素，打造网红码头节点。白天游船运营时间段，休憩平台可为游客提供休息等待、观景喝茶的场地。夜间码头周边可举办灯光秀，码头平台可加入音乐现场表演活动等吸引游客前来打卡。码头配套建筑的形体来源于树叶，为游客创造了休闲空间，微微抬起的造型，提供给游客一个良好的视野以欣赏晋安湖的美景。水上休闲项目不仅盘活了公园的经营思路，更有利于突出晋安公园可持续发展的理念，有效带动其旅游资源由静转动的变化。

七、区级体育公园（规划）

体育公园位于晋安湖西侧，与公园绿地融为一体，通过建设约8500m^2的体育馆、1个

图7-3-7　游船码头
（来源：王文奎 摄）

11人制足球场、5个标准篮球场、3个标准网球场、1个标准门球场及儿童活动场等场地，巧妙利用场地，集聚人气，为市民共享提供较大的空间，从而实现活力绽放（图7-3-8）。

公园具体建设有入口休闲广场、儿童活动场地、观演休闲舞台、生态绿道等，是集休闲、娱乐、玩赏、健身等多功能为一体的，以服务市民为主旨的综合休闲服务区。体育地块实现公共资源共享，满足市民运动、淋浴、休憩等各种功能服务，为各年龄层游客提供良好的公园休闲体验。

图7-3-8　区级体育公园（规划）
（来源：高屹 绘）

第八章

从城市公园到公园城市

来源：高屹 摄

“城园同构、蓝绿交织”可以说是“公园城市”大背景下，福州从自身的条件与独特性出发而得出，且经过时间检验的一次实践探索。近年来，福州城市绿地系统建设取得了显著成果，以生态、自然理念发挥福州山、水优势，彰显山、水特色，通过对山体、水体、绿地的修复整合，建设了福道慢行网络系统和一系列的生态公园，改造、建设、提升公园绿地533.34hm^2；福州的城市绿道“沿江、沿河、环湖、达山、通公园”，形成了福州城市的“绿岛链”，这个绿岛链自身就构成了一个开放的绿地网络系统。

晋安公园作为福州城市绿地系统建设的缩影，以“城园同构、蓝绿交织”为指导理念，面向未来福州的公园城市建设，全面整合城市功能、统筹蓝绿空间、整合破碎化生境、重构山水格局，引入城市绿道，同时尤其注重公园活力的营造，这些策略使其在快速发展的高密度城市空间中展现出城市公共空间充满活力的时代气质，成为公园城市建设的范本。

公园城市理念下的公园并不是“公园”和“城市”的简单叠加，公园城市应理解为“公”“园”“城”“市”四字含义的总体融合：“公”对应公共交往功能，“园”对应整个生态系统，“城”对应人居与生活，而“市”则对应产业经济活动，因此公园城市的内涵，应该是“生态文明的城市版，城市发展的绿色版，美好生活的现实版，田园城市的未来版”①，也应该是高度综合的“将公园形态与城市空间有机融合，生产生活生态空间相宜、自然经济社会人文相融的复合系统，是人、城、境、业高度和谐统一的现代化城市形态，是新世代可持续发展城市建设的新模式”②。

因此，无论是“城园同构”还是“蓝绿交织”，本质都是从城市综合功能的角度来探索公园城市建设模式，使其兼具城市公园的生态内涵、人文内涵与经济内涵。首先，在生态内涵层面，它是城市绿色空间系统的重要节点或廊道，具有绿色基础设施的服务功能；其次，在人文内涵上，城市公园既是城市公共功能与城市文化的重要载体，展现城市的精神风貌，也是市民生活的重要延伸，激活多元的城市公共生活；最后，在经济内涵上，它在很大程度上能够直接或间接推动城市或所在区域的发展复兴，通过整合城市多种公共功能，带动区域的商住、文旅等经济发展。

第一节　“城园同构”和公园城市

“城园同构”突破了传统“公园”的单一概念，挖掘了当代语境下“城”与“园”本质

① 吴志强．公园城市：中国未来城市发展的必然选择［N］．四川日报，2020-09-28（010）．

② 中共成都市委．中共成都市委关于深入贯彻落实习近平总书记来川视察重要指示精神加快建设美丽宜居公园城市的决定［Z］．2018．

内涵中的一致性，为“城市”与“公园”、“现代”与“传统”两组概念建立了联系机制。“城园同构”一是统筹规划，将以往的绿地规划或生态空间规划与国土空间规划的其他专项规划相互协调整合，实现城市综合效益的提升；二是生态服务，将生态环境作为“最公平的公共产品、最普惠的民生福祉”，发挥生态空间在城市中的绿色基础设施功能，服务于城市安全与居民健康；三是以古为新，将传统园林理法作为现代公园筑山理水与游赏体验的样本；四是城园共生，将多业态复合的城市公园作为未来新城高效能聚集的新引擎。由此，晋安公园以现代公园为载体，传承延续了中国传统园林之文化内涵，以公园建设与城市发展的融合应对了生态文明引领城市发展之新形势。

“城园同构”理念的提出与实践旨在尝试解决两个有所重叠的现实问题，一是，现代园林建设如何传承延续中国传统园林之文化内涵；二是，如何将现代园林建设与城市发展融合在一起，更好地发挥生态、社会、经济等功能。而这两个问题更深层次面对的是“传统”与“现代”“园林”与“城市”这两组长期以来相互依存又始终存在矛盾与冲突的关键概念。“同构”意味着这样一种解决方案，即我们可以挖掘出当代语境下“城”与“园”本质内涵中的一致性，在此基础上通过具体的设计策略，使中国传统文化中的“造园”与“城市规划”这两个往往具有不同主体、对象、功能、尺度的实践结合在一起，转变为一次具有综合效益、面向未来的实践活动。晋安公园的实践正是尝试解决这两方面问题的一次有益探索。

重新思考晋安公园现象——晋安公园的建设带来了城市综合品质的巨大变化，对于发挥城市公园的综合效益，探索城市生态重构、活力再造和城市格局优化，具有重要的理论和实践意义。

一、重塑片区的山水格局

城园同构是晋安公园设计过程中理解城市山水格局、重塑山水格局的新视角，在营建具有山水特色的公园城市实践中，通过城园同构方能重塑山水格局。

中国的传统园林里，城市、建筑、自然和诗歌、绘画实际上是难以完全分开的，它们之间形成了一种不可分隔、难以分类并密集混合的综合状态，城市遵循自然山水的脉络生长和连续蔓延，城市遵循在山水中漫游与生活的诗意方式，如连续的画卷般展开①。城市规划建设本质上是以山水为依据，来协调生产、生活的空间、时间，控制土地开发利用，故而形成

① 王澍，陆文宇. 循环建造的诗意——建造一个与自然相似的世界［J］. 时代建筑，2012（2）：66-69.

“一半湖山一半城”的中国传统城市景观原型，也形成福州“城在山中，山在城中”和“城绕青山市绕河”的山水城市典范①。

延续自中国古代传统的城市山水格局，晋安公园的城园同构融合现代公园理念，将审美化、历史性的山水文脉与当下城市空间的综合功能相融合。场地原属于城市废弃地，山水格局以及片区公共空间均受到城市不合理建设的蚕食，无法充分发挥其土地价值与公共服务功能。而以往的绿地系统规划往往与城市功能各自为政，难以实现综合效益的统筹提升。城园同构为此提供了良好的基础，赋予“城”与“园”更丰富的自然与人文、历史与当下的多重内涵，弥合了原本相对割裂的城市规划和建设实践，为城市片区的山水格局重构提供了新的思路。

晋安公园首先在人文地理视角上挖掘山水空间的历史构成，同构设计重新阐释原场地遗留的山水骨架，并以此为契机打通并修复蓝绿空间，奠定了福州东城区“北山南湖、一溪贯穿”的城市空间格局。同时统筹片区城市规划与设计，在山水大格局基本成型的基础上，由此作为片区核心，在空间上串联起周边的水网和路网，规划相应的山水绿道与城市海绵系统，并在视线上连接了鼓山、北峰和五虎山，构建了具有鲜明空间识别性的山水城区。通过城园同构，晋安公园的实践才得以将历史传承而来的山水文脉放置于现代城市规划的视野之中，实现了片区山水格局以及公园城市格局的重塑。

二、功能融合倡导共建共享

城园同构，才能推动共建共享。公园城市建设所要求的“一公三生”即“公共”“生态”“生活”“生产”高度和谐统一，需要打破传统思维，模糊公园与城市之间生硬的实体边界与功能界限，将更多的当下重要的城市公共功能，例如行政服务、文化、观演、体育健身等城市公共建筑及配套的功能空间设置在公园中，辅以完善的服务产品，实现公园形态与城市生产生活功能的有机融合，才能真正做到“整个城市就是一个大公园”。

在公园城市战略开展的同时，我国城市也正逐渐从以空间扩张的增量型城市规划向立足于品质升级的存量型城市规划转型。在这一背景下，有限的土地需要承载更多以人为本的服务功能，城市土地的利用需要更加高效而富有弹性，在同一空间中实现更多的混合功能，以在最有限的空间内容纳各种各样的都市行为，实现城市土地综合价值的最大化②。在城市建

① 郭巍，侯晓蕾．双城、三山和河网——福州山水形势与传统城市结构分析［J］．风景园林，2017（5）：94-100.
② 邹锦，颜文涛．存量背景下公园城市实践路径探索——公园化转型与网络化建构［J］．规划师，2020，36（15）：25-31.

设过程中，尤其是地区的更新改造过程中，土地综合开发经济效益始终是规划在理想与现实之间博弈的焦点，其直接的体现就是规划容量与规模的确定。可通过“城市设计+经济平衡测算”的方式，合理制定各项控制指标，为各项建设按规划顺利实施的基础保证。同时，需要在摸准平衡点、摆出规划底线的基础上，规划部门、涉区政府、片区土地一级开发建设单位、文体卫教、镇村等部门协同参与讨论，同时强化公众参与力度，综合协调和解决各方利益诉求，为各项建设按规划顺利实施提供基础保证。

晋安公园规划经历了福州城市快速发展过程中多个阶段的管控、协调、整合，最终才得以从规划层面落地为高密度城市空间中难得新增的大型公园。在公园城市战略以及城市土地高效利用的要求下，基于以人为本的核心思想，如何最大程度发挥其公共综合效益、促进社会公平是必须考虑的社会问题，而多元公共功能的叠加成为应对此问题的重点规划设计策略。晋安公园所在区域由于长期处于福州中心城区边缘，受区位与城市发展阶段影响，城市功能空间布局、空间形态、公共服务配套设施包括文化、教育、体育等都有待梳理完善，与规划中以高品质商住区为主的定位明显脱节。因此，在公园规划的过程中，着重考虑了如何将公园与城市公共服务融为一体，规划将与晋安区的市民服务中心相邻，并将区域的文化、体育、娱乐、康体、市民服务等城市公共功能建筑空间设置在公园内（图8-1-1），进而设置相应配套的开放空间与基础服务设施包括城市广场等户外活动场地。

图8-1-1　晋安公园的多元功能
（来源：高屹 摄）

与此同时，这些公共服务设施地下停车场与公园共享使用，统筹共享，并将其融入更大范围的城市功能空间结构以及绿地网络，形成开放共荣的片区发展趋势，实现1+1>2的效应。

三、多元活力促进价值提升

城市公园绿地的本质是城市的绿色开放空间，在城市设计当中需要打破在传统城市规划的用地分类下，公园绿地作为“绿地”的单一功能思维，强调以公园等绿色空间为载体，统筹生态、功能、景观、业态、活动组织等多维要素。在“城园同构”的理念之下，晋安公园既是“城市客厅”，也是“城市展厅”，将城市多元活力注入生态空间，形成复合化的城市活力发生地。公共的“城市客厅”毫无疑问是一个交流、互动、展示的窗口，是一个城市发展进程中，在新时代、新语境下诞生的一个新概念。“城市客厅”就是城市主体实现社会交往的空间所在。因此，“城市客厅”应是和谐主旋律下的人与人、市民与政府之间的关系反映，它使个体的地位和价值在社会中得到尊重和体现。依托晋安公园为主要载体，通过独具一格的人性化设计，加强了人与人、人与自然的交流，使其成为晋安区门户景观的前沿“客厅”。“城市展厅”顾名思义是展示城市历史、文化、自然生态等内容，对内增强文化内涵，对外传播城市魅力的展示空间，是一个将城市空间特色、历史文化特色、经济发展特色高度整合的独特创意空间，具有一定的互动性、聚集性、创新性、直观性以及艺术性。

晋安公园集中了城市的各类文化和体育设施，通过公园绿地结合市民图书馆、文化馆、体育中心、科技馆、旅游综合体等，形成城市公共服务功能集群，在完善区域城市公共服务功能的同时引领区域城市功能的重新组织，激活与转化周边城市用地的功能与性质。由此，人们不仅可以更加便捷地在公园近自然的山水环境中享受优质的城市公共服务。例如，我们在逛公园的同时可以进入图书馆看书，在科技馆学习物理知识后在真正的自然中亲身感受等，各类的城市公共活动都可以在公园中发生，也都可以在自然环境中得到更丰富的拓展，本质上是城市文化与价值观的时代性重塑。

建成后的晋安湖系中心城区最大湖体，湖体的建设极大地优化了周边的功能布局，湖体周边规划建设融合了福州市少儿图书馆、福州市文化馆、摩天轮旅游综合体和区级体育场馆等公共设施，使得湖城一体、园馆相融、资源共享。在园林设计上更是合理调整水面的规模和形态，留有合理的场地空间，聚集公园人气，满足城市多样化活力功能需求，从供给侧的角度提供了更多公共服务产品和基础设施，开展水上运动、新年音乐会、新福州人婚礼、省科普月等活动（图8-1-2）。同时，大面积的湖体具备调控洪峰库容的功能，为现代都市打造了最具韧性和活力的“城市综合性公园”绿地。

在大型城市公园的规划设计中所呈现的业态融合之愿景，实质是一个系统性、多产业

图8-1-2 “好年华 聚福州”榕创汇无人机续航挑战赛
（来源：福州市委人才办 提供）

融合的公园化城市片区发展过程规划，它不是城市不同功能用地色块在单一时空的拼贴，而是试图将城市空间与公园绿地视为一个统一的生命体，充分发挥城市公园独有的景观吸引力特质与普惠共享的社会属性，构建出具有生态、经济、文化等多方面自我生长能力的完整城市片区。晋安公园从规划设计之初就将未来可能结合的城市公共功能加以统筹，进行具有引导性、连续性、阶段性的战略安排，不仅提升了周边土地价值，在产业发展上也为东城区福兴投资区的进一步升级转型奠定了区位的优势，充分展现了公园城市“人、城、境、业高度和谐统一的现代化城市形态”。

第二节 “蓝绿交织”和公园城市

公园城市的最重要基础是要有良好生态基底，在城园同构的语境下，生态空间不仅应该是我们所熟知的“园”的基础，也更应该是“城”的基础。蓝绿交织的生态本底就是组织串联起“城”与“园”，实现生态、韧性，可持续发展的网络基础。城与园的同构体现在二者本质都是对现代城市土地科学的、系统性的规划，“城在园中”与“园在城中”是对城市土地规划过程与规划要素的图底反转，绿地成为整合、主导规划的要素之一，其中晋安公园这类大型城市公园绿地由于规模和影响力等方面的特征，更具有其他碎片化的绿色空间所不具备的多种特性。

“蓝绿交织”强化了城市绿地与水系二者的关联性，并将其作为城市生态框架中不可拆分的“有机聚合体”，重构了城市生态景观格局，塑造了公园乃至城市的山水空间形态。“蓝绿交织”一是对接城市双修、海绵城市、水系治理等理念，整合了水绿空间、修复了生态要素、融入了海绵技术，构筑了内外相通、多元化、多层次的蓝绿生态基底，为解决城市内涝、绿地破碎化等城市化问题提供了解决方案；二是秉持“背山面水，负阴抱阳”的理念，造山林、筑溪境、成湖景，呈现出“北山南湖、一水贯穿”的城市景观风貌，延续了福州城“显山露水”的山水文脉，塑造了福州东区现代山水城市门户形象。

一、修复破碎化的生态网络

通过蓝绿交织，方能适度修复破碎化的生态网络。

在景观生态学的视角下，景观的空间结构直接影响整体的生态系统服务功能。城市绿地作为面状、点状、带状的绿色空间，当其以一个个孤岛的破碎形式存在时，容易导致系统的生态安全格局、稳定性、连通性等降低，也就无法实现整体与系统所具有的综合效益。因此，在城市绿地系统规划建设中，需要统筹考虑绿色空间的布局，构成相互连通、多层次、网络化的城市或区域绿色空间系统。完整的景观生态网络有助于保护城市生物多样性、优化城市景观格局与生态安全格局，并维持城市总体的生态平衡。

从生态网络的角度来看，晋安公园设计过程中十分重视跨尺度的生态空间破碎化整合重构以及廊道构建。一方面，它充分挖掘和利用片区原有的生态要素和资源，在设计上提出新的规划思路，以大型公园为核心串联水系、绿道的策略取代原先点状分散的多级绿地布局模式，打破内向的公园绿地与外向的城市生态格局之间的界限，在片区尺度上构建完整的“斑块—廊道—基质”结构，在修复既有的牛岗山、金狮山的基础上，通过堆土造林的方式将山体与周边的绿地、河网相连，公园内部营造多样化的线性水体，与森林、草地、灌丛等绿色生境相互交织，发挥生态空间的多重功能。另一方面，在城市的宏观尺度上，晋安公园是重要的生态节点，其南北贯穿的形态以及向外延伸的绿道、水网，使其同时成为集水廊、绿廊和风廊于一体的城市生态格局中的重要廊道之一，建立起了东城片区与城市中心区的生态空间联系，连接了金鸡山、鼓山、光明港等城市级的山体水系，补充完善了福州城市的总体生态网络格局，对城市尺度的生态多样性保护、安全格局构建起到了重要作用。

二、营造人与自然和美之境

自然与人的关系在公园城市这一概念中呈现为人与自然的和美之境。在传统的绿地系统中，大型城市绿地往往作为城市绿地系统的“绿心”，是景观生态格局中的核心区，具有比相对分散的中小型绿地更加突出的生态、社会等方面的规模效益，对城市发展的多元化导向、植入生态核心、塑造城市地标、注入多元活力具有重要意义，因此成为公园城市发展的关键引领者。国内外的典型实践包括纽约中央公园、伦敦海德公园、北京市奥林匹克森林公园等，这些大型城市公园均对城市的发展，包括片区土地经济价值、社会文化转型、生态格局与生物多样性水平等方面，产生了不可或缺的重要影响。晋安公园作为结构性的城市绿心与风廊、水廊、绿廊和生物廊道，以蓝绿空间的融合提供丰富的生境，人与自然的和美关系在晋安公园中通过不同类型的生态服务得到了很好的诠释。

在城市的自然景观中，由于人与生俱来的亲生物性，人最直观感受到的生态服务就是水系、地形和自然植被要素所具备的审美与疗愈含义。与此同时，植被、水系和微地形也是营建良好生境的基础，为动物提供了适合的生存环境。不同形式的要素叠加塑造了不同类型的景观环境和生物多样性，因此在晋安公园的设计中，格外重视上述几类要素相互作用形成的多样性景观，并以此为出发点营造了不同类型的景观类型：

（1）山地植被修复景观区，是以利用东西侧原有金狮山和牛岗山自然植被优势，采用成片种植方式，改变原有单一的植物形态，构建绿树成荫，繁花似锦的山地景观。

（2）环湖景观核心区，则是以水生植物和疏林草地为主，多功能的阳光草坪给游人体验多样的活动体验。草坪和密林的搭配使绿地虚实相间，达到步移景异的景观效果。

（3）水岸花带植物走廊区，采用水生植物来软化驳岸，通过不同地势与水生植物的搭配，营造出都市水花园的景观氛围，构建四季分明、色彩缤纷的特色滨河绿带。由于这些景观环境既是为人服务，也是为生态系统服务，因此形成了基于生态审美的自然体验。

此外，随着全球气候变暖，在生态功能的意义上，已有众多的研究证明了绿地和景观格局对改善城市热环境具有不可替代的意义，可有效降低城市热岛效应。晋安公园占地面积1700多亩，地表覆盖类型主要为近自然的森林、草地和水系，选取自然化的水系形态与植被种植方式，有助于形成更加高效的“冷岛效应”，充分发挥绿地在人居环境质量提升中的效益。

三、生态韧性

面对日益加剧的气候变化、极端灾害、生物多样性减少等全球性问题，城市蓝绿基础设施已经成为建设生态韧性城市的主要措施之一，良好的连通性与自然稳定的用地状态是首要实现的目标。公园城市将整个城市视为具有生态结构的公园，运用生态化的方式实现韧性目标。晋安公园作为福州公园城市建设中重要的生态基础设施之一，通过生态水系规划、区域留白和提供积极健康的公共空间等方法，在应对城市突发性灾害时发挥了重要的滞洪防涝、防灾避险等作用。

近年来中国城市洪涝灾害频发，已经成为影响城市公共安全的突出问题。在城园同构的实践中，如何统筹包括绿地和水系等在内的蓝绿生态空间滞洪防涝功能与传统的工程性城市水管理是实现生态韧性目标的关键。在这方面，晋安公园的规划、建设和管理集合了园林景观、水利、市政、建筑等多个专业部门，整体考虑江北城区162km^{2}的水系网络，建立了跨尺度的水生态基础设施以及相应的智慧管理模式。公园内的大面积水体为片区调蓄湖，结合周边内河清淤、北部山洪防治等工程措施，提高了整体防洪排涝标准。与此同时，内外水系均按照生态水系要求进行建设，包括水动力循环、生态驳岸、多样化的水生植物种植等，使得公园不仅能在面临特大台风、暴雨等自然灾害时更快速地蓄滞雨水，也能通过更加低影响、生态化的方式保证水质稳定，提供高质量的景观体验。

为了应对快速变化发展的需求，晋安公园内规划了部分留白区域，不进行过多的植物种植、构筑物建设，呈现为大草坪结合自然地形的处理方法，作为城市的弹性留白空间，一方面可为未来公园更新或新增功能留出余地，保证公园可应对未来多元需求的变化，是公园可持续发展的有效策略；另一方面在高密度的城市环境中，随着城市规模的急速扩大和人口的过度集中，健全城市防灾系统已成为一项不容忽视的艰巨任务。公园绿地作为开放空间，由于建筑密度低，且与周边城市居民关系密切，具有天然的防灾避险优势。公园中的留白空间结合防灾避险用地的设计规范，包括保证规划防灾面积满足服务人数需求、合理规划消防救灾车的交通线路、公园建筑结合应急指挥中心与物资供给进行设计等。

此外，防灾、受灾都是人与自然之间关系的一种反映。人为了更好地生存，不仅要在物理环境下保护自己，也需要在心理上得到安慰与支撑。公园绿地日益被证明具有缓解压力、促进人体健康等功能①，恰好能为人们提供这一部分的满足，在园中举行的各种活动更能成为一种引人向上的催化剂②。

---

① 李树华，姚亚男，刘畅，康宁. 绿地之于人体健康的功效与机理——绿色医学的提案［J］. 中国园林，2019. 35（6）：5-11.

② 沈悦，齐藤庸平. 日本公共绿地防灾的启示［J］. 中国园林，2007（7）：6-12.

第三节　公园城市里的公园生活

公园作为城市公共开放空间，具有开展社会交往、休闲娱乐等社会生活的功能，能够承载各种类型的、可能随着时间持续变化且由市民自发的社会活动。最为重要的是，能够包容不同类型活动长期时空共存的“异质性”，而实现这一目标的重点在于其公共性，由于公园城市以人为本的本质属性，其活力与公众参与其中的程度息息相关。

国内经济的发展带来了城市规模的不断扩大，城市公园设计也就必须满足群众越来越多的需求，因此城市公园设计要在体现生态性的基础上兼具多种功能性服务要求，也就是协调社会需求的多样性与生物多样性相结合。城市公园的一大社会属性就是服务于市民，它是政府给予市民的福利，是为城市居民提供散步和消遣的公共空间，使他们能够沉浸在洒满阳光的如画风景中，呼吸新鲜的空气，体现在狭窄城市街巷中无法感受到的无限空间感。当每个使用者都能够在城市公园其中找到属于自己的位置时，公园的活力会自然而然地在充满活力的使用者身上呈现出来，而当“公园城市”中的每一个“公园”都充满了活力时，“城市”的活力也由此展现。

一、多样化的休闲娱乐

以往的城市景观往往以规整的、单一的形式出现，而当下随着时代的发展、人们生活需求的多元化，越来越多突破传统的景观设计空间出现，带给人们多方位的体验。在公园城市的概念中，原有单一仅供观赏的风景园林已经无法满足现代群众的需求，它应该是集互动性、娱乐性、学习性、观赏性于一体的体验空间，居民可以通过更加生态自然的公园、更多活动的公园，让自己生理、心理上获得舒适感和愉悦感。

在环境行为学视角下，不同的使用人群、活动需要不同类型、特点的空间，因此在城市公园中需要根据空间的使用需求，设计出尺度、景观类型、感受等属性各异的空间，无论使用者的行为是否完全符合设计意图，但多元的空间选择始终是活动多样性不可或缺的基础条件，并且灵活、具有一定留白、易于调整的空间通常也更能激发具有创造力的活动，更能够可持续发展。

在晋安公园中，设计者对空间尺度与功能之间的关系有着细致的考虑，既有大尺度的堆坡造景，也有小尺度的庭院空间，形成了尺度丰富、形式多样的景观空间，为多元活动提供了更多的可能性，例如游人可登上观景塔环伺四周，美景尽收眼底，同时也为观鸟爱好者提供拍摄的平台；牛岗山草坡所形成的高差是儿童亲近自然、奔跑玩耍的绝佳场所，多处根据年龄科学分区的儿童活动场、丰富多样的园林空间、多样的动植物生境及公园里不定期举办的娱乐活动都是孩子天真童趣的载体，让孩子更安全地享受游戏的乐趣；而山脚的大草坪则是城市高密度环境中难得可以自由放风筝、搭帐篷、聚会野餐的开阔场地，成为福州人民周末家庭活动的最爱。

公园西侧集中设置了多种类型的体育运动场地，包括：11人制足球场、篮球场、网球场以及儿童户外运动场地；同时结合公园主路设置环湖慢跑道——“1/10马拉松的（+夜）跑道”；利用东西方向水系纵深，可设置水上运动，如皮划艇、闽江龙舟赛事等（图8-3-1）。同时，完善的公园服务设施保障了上述活动能够在舒适、安全的条件下开展，除一般配套功能外，还设立了人性化的便民志愿者服务驿站、智慧公园系统、自动饮水机、自动贩售机、咖啡、全园无线网络覆盖、生态停车场、生态厕所等完备的便民设施，使得配套服务更加人性化。

人才公园驿站和爱摩轮商业综合体等文化和商业服务设施，是晋安公园面向青年人群的特色休闲娱乐设施，同时也将城市的文化与经济活力带入公园。“榕博汇”人才驿站是展示人才工作成果的重要窗口，同时作为“榕荫·书情”福州市少年儿童图书馆牛岗山人才主题分馆，既是人才互动交流、研学会客的优质平台，也为青少年提供相应的文化服务；爱摩轮商业综合体以大型摩天轮为亮点，使得公园内的景观成为片区的城市地标，同时打破用地边界，激活绿地与商业用地之间的双向促进作用，落实混合多元活力的用地规划，整体提升周边土地价值。

图8-3-1　晋安公园龙舟赛现场
（来源：晋安区园林中心 提供）

二、公园的可达性

可达性，尤其是慢行交通的可达性是评价绿地作为公共资源是否具有公平性和社会平等性的主要指标之一，提高绿地的可达性意味着绿地的资源效益可以更加均衡、公平地得到发挥，因此也应是公园城市战略下以人民为中心的发展理念和城市高质量发展目标的重要实现途径和重要原则。公园与城市空间之间的交通组织作为可达性的决定性因素之一，在城市公园规划设计中如何实现更加便捷的内外交通，使居民能够方便、平等地享用公园提供的公共服务，是城市公园建设必须仔细处理的问题。

晋安公园作为目前福州最大的城市综合性公园绿地，服务半径覆盖面积大，服务人群总数多，内外交通的衔接更成为设计的重要篇章。在晋安公园的总体规划中，由于城市规划的路网先行，因此公园以城市道路为边界，整体形态上南北跨度较大，四条城市主干道路鹤林路、塔头路、化工路、福新路东西向贯穿，将公园分为牛岗山公园片区、鹤林生态公园片区以及晋安湖公园片区三大部分，道路与公园的交界处为南北向由城市道路进出公园的开放界面；而公园东西两侧的边界基本与城市次干道重合，晋安湖公园北侧则规划新建一条城市道路，沿公园边界加强公园内部与城市其他区域的绿道等慢行系统衔接，使其成为片区绿道网络的枢纽核心，并通过这个绿心连接周边的城市公共文体设施。

在具体衔接上，通过地形设计对地块内与城市道路之间的高差进行消解处理，衔接城市绿道，使得城市道路与公园之间形成一系列无障碍出入口，再加上出入口的合理设置，保证了公园各区均有较强可达性的交通节点，市民可以方便地由区域内的任意方向进出公园。另外，在南北向的园路与东西向的城市道路交接时，设计都采取了下穿隧道的方式，为城市道路带来便捷交通、使全园均有很高可达性的同时建立良好的人车关系，减少与城市交通之间的负面影响。

三、包容性设计

包容性设计是指无论每个人的年龄、能力状况如何都可以被吸引和使用产品与环境的一种设计方法，其目的在于使最终的建成环境能够尽可能多地满足大众的需求，而尽可能摆脱用户自身年龄、性别、能力等个性的限制，使不同群体都能在环境中享有公平、自由活动的能力。在公园城市的建设中，正如前文所述，需要构建多样性的、人们可以充分使用的、充满活力的公共空间，只有充分考虑公园中的出入口、停车场、步道、标识、照明、卫生间等要素的所有可能性，才能真正确保惠及更多使用者，进而让更多人乐在其中，并提高社会凝聚力。

首先，参与程度的高低直接体现在公园里发生了何种活动，不同的空间和配套设施能够支持不同活动的发生，从而满足更多人的需求，提高人们的参与程度。更进一步，越充分的参与隐含着越充分的社会公平性与包容性，意味着参与的人数更多、人群类型涵盖的范围更广。从最基本的设计原则出发，一方面，需要公园具有更强的可达性，方便居住在城市不同区域、不同类型人群的无障碍自由进出，突出公园的“公”属性；另一方面，也需要发挥绿地的民生福祉的“普惠”属性，始终关注更广泛人群的使用需求，尤其是对老年人、残疾人等社会较为弱势群体的关注。

青山环抱的城市地理格局使福州全市山地公园的比例超过60%，无障碍的步道系统成为城市公园包容性设计首要考虑的重中之重。当前“福道”系统均以无障碍为设计原则，形成了贯穿于“山、水、林、园、城”，步道相连的慢行系统，随着城市公园与慢行系统的串联，为园内道路提出了相同的要求。

在蓝绿交织的晋安公园案例中，公园由山地型、河流型、湖体型三种不同特性的区域组成，营造出丰富的地形变化，为山地、微地形、滨水等空间带来了丰富的游览体验，但也为无障碍设计提出了更多具有挑战性的限制条件。为了形成串联南北向、贯通山水的全园无障碍步行系统，设计将全园主路的竖向都按照小于8%的坡度要求控制，山地部分的步道采用了架空栈道连接，使得全园形成多层次的无障碍步道空间，为市民提供了公平、均等享受的多元游览体验。

多样化的休闲娱乐空间、便捷的内外交通以及无障碍步道等包容性设施保障了公园的公共性，从使用者层面为公园注入活力。正如扬·盖尔在《交往与空间》中认为的“只要有人存在，无论是在建筑物内、在居住小区、在城市中心，还是在娱乐场所，人及其活动总是吸引着另一些人。人们被另一些人所吸引，就会聚集在他们周围，寻找最靠近的位置。新的活动便在进行中的事件附近萌发了。”公园城市的活力营造也要从人最基本的使用、活动需求出发。

从晋安公园这一案例来看，依托公园这个主要载体，福州社会各界团体在此举办了多种类型的公益项目，公园成为城市的花厅、客厅、展厅，市民自发地开展了茶会乡聚、运动、艺术、阅读、慢跑等多样的活动类型，共同形成亲水、亲民、活力的开放空间。作为福州“人气最高”的公园，晋安公园已成为市民周末家庭、朋友聚会的首选目的地之一，吸引着越来越多的市民前往。

四、留存乡愁记忆

“我们也应选出历代环境最优美的建筑单位，把它们的周围留出空地，植树铺草，使其成为市内的人民公园”，梁思成在其著名的“梁陈方案”中做了这一阐述，遗产与公园形成了互为映衬的公共概念①。公园城市理念在留存乡愁记忆上是与百年前的前瞻性理念了产生共鸣，在城市更新和绿地建设等项目中，不可避免地需要面对乡愁记忆及其物质载体的留存，公园因其公共性和柔性的生态环境，能够最大限度地进行灵活的遗产实践，包括原址保护、举办非物质文化遗产活动等，有助于延续特定社群的认同感和集体记忆，发挥城市遗产保护的重要作用。

在晋安公园的建设过程中，作为文化遗产的乡愁记忆得到了很大程度的保留。晋安公园原为包括潭桥村在内的4个老村和牛岗山所在地，加之内河纵横依山傍水，为村落的发展奠定了良好的地理基础。但在城市发展的同时，村落中的山水、宗祠、古迹等文化遗产价值也亟待保护与重新评估。在片区重新规划整合的过程中，公园绿地作为统筹这些散布于村庄各处遗产的抓手，蓝绿空间的统筹将传统的片区山水格局保留下来，而分散保留的文化遗存则成为“历史锚点”，成为公园的结构性要素，在合理保护历史价值的基础上充分挖掘其美学价值和社会价值。

其中，原址保护的有2处被公布为福州市第一批市级文物保护单位的摩崖题刻，结合山体修复形成一处自然与人文融于一体的景点；1处古井遗迹与入口结合，形成1处公共小广场；此外，借牛岗山公园设计之际，周边村庄的宗祠就近安置于公园之中成了必然。设计过程项目组多次与村民商讨安置事宜，结合村民的各方诉求以及公园用地的局促，设计上整合原有零散的各类宗祠，以村为单位，统一划地块规整安置，并采用福州传统园林建筑灰瓦白墙的形式，将宗祠包装为园林建筑藏于公园之中。公园内共安置有鹤林村、谭桥村宗祠及陈氏大厝等各村宗祠，成聚落状，既满足了村民各家宗祠的私密性，也保证了公园整体风貌不受影响，掩映于山林之中，仿佛一处遗留的传统风景建筑群。

公园作为乡愁保留的场所，古树名木成为最适合于保护在公园中的一类遗产。古树在就地保护的基础上结合入口、广场和宗祠，并预留生长空间，作为公园历史的“见证者”，记录着场地数百年的变化，唤起人们对于乡愁的记忆。

五、智慧助力共享

“智慧城市”这一概念发端于20世纪80年代的信息城市，先后经历了“智能城市”“数字城市”，最终演变成“智慧城市”。2015年12月，时隔37年中央重启城市工作会议，会

① 赵纪军，何梦瑶，宋霖. 公地·自然·遗产：梁思成的“公园”理念研究［J］. 中国园林，2023，39（1）：128-133.

议明确指出我国城市发展已经进入新的发展阶段，要提升管理水平，着力打造智慧城市。智慧城市的构建将逐步、稳健进入黄金期，对于城市的标志性综合公园，势必将之打造为智慧城市的重要一份子——现代化智慧公园，以助力公园的公共服务能力。

结合晋安公园项目整体情况，园区整体共嵌入了大小十余项智慧功能。针对这些智慧功能专门开发了具备高拓展性能的可视化融合操作管理平台。此管理平台基于GIS平台开发，以整合设施资源，优化管理机制，运用视频识别、智慧灯杆、物联网感知等先进技术，实现对公园智能设备的全面管理，并实现各种应用的落地，从而形成前端感知、数据处理加平台应用的综合运维和服务体系。晋安公园的智慧系统可分为两个部分：一是主智慧园区系统，主要包括了可以提升公园管理能力的模块，如智能照明、广播、安防、环境感知、水位监测调控等，可接入智慧城市总平台；二是智慧服务模块，面向市民游客等使用者，如智慧公厕、智慧停车、智慧驿站、智慧环卫设施等。以晋安公园近10km的步道为基础，纳入智慧健身功能，如智能监测系统、运动数据分析平台、安全保障装置等，这是当前深受欢迎，可以显著提高市民参与性和获得感的尝试，也将接入整个福州福道网的智慧系统中。

第四节 未来展望

福州“十四五”规划提出“建成文化强市、教育强市、人才强市、体育强市、健康福州，市民素质和社会文明程度达到新高度，文化软实力显著增强；生态优势持续巩固，广泛形成绿色生活方式，建成更高水平美丽福州”的2035年远景要求。公园城市理念是全面体现新发展理念的城市发展高级阶段，将城市的生态价值、生活价值、美学价值、文化价值、发展价值和社会价值有机融合在一起，为福州的城市发展提出了新时代要求。

世纪之交以来，随着福州市“东扩南进，沿江向海跨越式、组团式发展”战略决策的落实，福州城市建设迎来了前所未有的发展机遇，相继开展了系统性的旧城改造、新区建设、内河综合整治、城市绿地和开放空间建设、城市更新等工作，展现出厚植文化、生态宜居、可持续发展、自主创新等现代化城市新品质。在这一过程中，福州绿地系统建设充分发挥了得天独厚的“山水城市”和“滨海城市”优势，坚持“以人为本”的建设思路，着力保护山水格局，通过修复山体、发掘其生态休闲功能，引得百姓登山览城，也强化了市民对山的认识；通过治理城市水系、构建蓝绿空间廊道，创造依水而行、绿荫相伴的游憩体验；通过优化城市空间布局，腾出地来构建城市重要绿地空间，并着手围绕这些开放空间，布局城市重要的公共文化设施。由此，福州蓝绿空间联结成网，城市面貌随之焕然一新。

追溯福州近年来的绿地系统建设实践，作为结构性绿色空间的公园正以其突出的生态价值、诗意的景观风貌、包容的公共文化属性、多元的城市功能与福州城市空间发生着多层次、多维度的互动——从作为奥体中心有机组成部分的飞凤山公园，到作为软件园山水背景的福山郊野公园，到作为大学城公园综合体的旗山湖公园，再到作为滨海新城生态核心的东湖公园，无不彰显了某种“城园同构”的特质，提供了城市与公园共同发展的范本。

以晋安公园现象为示范，坚持突出公园的城市特性，诠释公共、生态、生活等内涵，通过蓝绿空间编织起城市的公共生活，尤其是文化和休闲健身等新时代的公共需求；通过蓝绿空间将文化中心、体育中心、居住区等城市功能串联起来，将生态优势、绿色生活方式与对市民素质与社会文化的推动相结合，在城市发展的新时期形成长久的驱动力。努力通过生态价值的可持续转化、公园化公共服务模式的建构、绿色健康的生活方式营造，全面提升城市综合承载力、可持续发展力、文化活力、城市影响力，努力把福州建设成为新发展理念践行地和公园城市的示范地。

一、实现生态价值的可持续转化

通过城市公园等绿色开放空间的建设，积极探索生态价值的可持续性转化，将生态价值实现为公共服务、旅游经济、文化产品等价值。

一是深化公园绿地的管理体制升级，借鉴先进城市健全生态建设成本定向提取、环境信用评价、生态补偿等机制实现生态建设、修复投入产出的平衡，提高生态建设的可持续性。二是促进文化资源在保护基础上的创新性转化，充分挖掘和保护历史文化资源，为文化展示、群艺活动提供有效的空间载体，引入具有吸引力的多元文化活动，厚植闽都文化根基，扩大文化影响力。三是推广公园品牌营建，以网络媒体平台为基础，通过系统性的宣传，提升福州公园城市的影响力与曝光度，通过“福道”等品牌的建设形成公园城市的丰富内涵，策划一系列主题活动，增强社会各界对公园城市的共识，增强未来实践的向心力和凝聚力。四是围绕着晋安公园这样的大型城市开放空间和蓝绿之心，以生态价值为优势，优化片区城市设计，完善城市空间结构和功能组团布局，提升产业业态，以优质环境、职住平衡、绿色交通、配套完善、布局融合等优势推进城市新老城区的协同发展，充分发挥公园城市的生态价值。

二、创新公园城市的公共服务模式

城园同构、公共设施共建共享的晋安公园，创新的公共服务模式将在未来更加充分地发挥其综合价值。

一是创新公共服务的多元内容，从群众的实际需求出发，面向多类人群，针对性地配置区域内居民日常生活所需的教育、文化、体育、安全甚至医疗、养老等公共服务，强化设施的共享共建，满足市民多元化、特色化的需求。例如，优化图书馆、文化馆、体育馆等的服务时间、开放形式，乃至运营模式等；将晋安公园的慢行道路系统接入全市的绿道网络系统，增加福道健身打卡、驿站服务、花木识别等互动服务功能。

二是创新公共服务的供给方式，主动对接市民的差异化需求，面向未来与智慧城市建设相结合，以供需之间的精准对接为目标，创新供给模式、手段和内容。制定多情景应对策略和调整实施策略，预测公共服务的实时以及中远期需求变化，提升公共服务在快速变化的城市环境中的适应性和效率。例如，建设面向数字时代的全方位共享，包括基于数字孪生和VR等技术平台的公共服务，虚拟场景实景化、实景场景虚拟化等。

三是创新公共服务促进社会公平，例如探索儿童友好、适应老龄化社会的包容性公园服务模式，推动大数据、无障碍技术等新一代技术在多元信息整合交流、人文关怀层面的运用；创新公园维护运营模式，倡导公众参与和志愿服务的逐渐融入，探索市民服务市民的途径，提高市民对于公园的归属感、责任感。

三、引领倡导绿色健康的生活方式

以高品质的公园化环境营造和配套公共服务引领，全面推广低碳发展的生活方式，鼓励居民以步行、公共交通的方式走进身边的公园和绿道等绿色开放空间，体验多元、健康、低碳的绿色城市生活，从而引导生活方式和消费方式向节约、低碳、健康的方向转变。

一是以晋安公园片区为基础，推动构建高可达性的城市绿色开放空间网络，更加高效接驳绿色开放综合交通体系，包括城市轨道和公交线路、游船系统、特色旅游线路等；接入社区家门口的慢行系统，通过公园化小区（单位）和社区绿道的建设，营造更多宜人的公共空间、慢行空间给市民，将公园绿道体系与市民通勤、健身、儿童游戏等日常生活相结合，同时接入城市商业综合体市民服务等热点场所，使其成为15分钟社区生活圈的重要组成部分，融入居民的日常生活，发挥城市绿地促进身体锻炼、舒缓精神压力、减轻精神疲劳的作用。

二是以晋安公园为片区绿色教育基地，推广零废弃、环境保护、绿色低碳文化，通过营造绿色环境，从感官上引导自然保护意识，从公众科普教育的角度传播相关知识，鼓励绿色出行，在管理运营过程中积极打造绿色生活方式相关的品牌活动，根植绿色文化，让公园成为城市中倡导绿色生活的最重要阵地。

三是以晋安公园作为增进社会联系纽带的平台，将绿地作为重要的促进社会生活健康运行的社会资本，增进市民、社会群体之间的信任关系与协同合作，以此引领更加和谐、健康的社会关系网络。在晋安公园内开展的各类活动，例如环晋安湖荧光主题跑活动、晋安区志愿服务活动、人才公园现场音乐演出等，帮助片区居民、邻里相互熟悉，发展出可靠的社会纽带，尤其对于弱势群体起到更为重要的作用。

晋安公园植物一览表

序号	植物名称	拉丁名	科	属	形态
		A			
1	澳洲火焰木	*Brachychiton acerifolius*	锦葵科	酒瓶树属	常绿或半落叶乔木
		B			
2	绣球	*Hydrangea macrophylla*	绣球科	绣球属	灌木
3	白车轴草	*Trifolium repens*	豆科	车轴草属	草本
4	白花鸢尾	*Iris tectorum* f. *alba*	鸢尾科	鸢尾属	草本
5	白兰花	*Michelia alba*	木兰科	含笑属	常绿乔木
6	白千层	*Melaleuca leucadendron*	桃金娘科	白千层属	常绿乔木
7	白纹朱蕉	*Dracaena deremensis* 'Longii'	龙舌兰科	龙血树属	常绿灌木或小乔木
8	白玉兰	*Yulania denudata*	木兰科	玉兰属	落叶乔木
9	百日菊	*Zinnia elegans*	菊科	百日菊属	草本
10	百子莲	*Agapanthus africanus*	石蒜科	百子莲属	草本
11	班叶芒	*Miscanthus sinensis* 'Zebrinus'	禾本科	芒属	草本
12	半边月	*Weigela japonica* var.*sinica*	忍冬科	锦带花属	落叶灌木
13	碧冬茄（矮牵牛）	*Petunia hybrida*	茄科	矮牵牛属	草本
14	碧桃	*Prunus persica* '*Duplex*'	蔷薇科	李属	落叶小乔木
15	波士顿蕨	*Nephrolepis exaltata* 'Bostoniensis'	肾蕨科	肾蕨属	草本
		C			
16	彩叶草	*Coleus scutellarioides*	唇形科	鞘蕊花属	草本
17	茶梅	*Camellia sasanqua*	山茶科	山茶属	常绿灌木
18	菖蒲	*Acorus calamus*	菖蒲科	菖蒲属	草本
19	池杉	*Taxodium ascendens*	杉科	落羽杉属	落叶乔木
20	赤苞花	*Megaskepasma erythrochlamys*	爵床科	赤苞花属	常绿灌木
21	垂柳	*Salix babylonica*	杨柳科	柳属	落叶乔木
22	垂叶榕	*Ficus benjamina*	桑科	榕属	乔木
23	春羽	*Philodendron bipinnatifidum*	天南星科	鹅掌芋属	草本
24	慈姑	*Sagittaria trifolia* var. *sinensis*	泽泻科	慈姑属	水生草本

续表

序号	植物名称	拉丁名	科	属	形态
25	葱莲（葱兰）	*Zephyranthes candida*	石蒜科	葱莲属	草本
26	翠芦莉	*Ruellia simplex*	爵床科	芦莉草属	草本
D					
27	大滨菊	*Leucanthemum maximum*	菊科	滨菊属	草本
28	大腹木棉（美丽异木棉）	*Ceiba speciosa*	锦葵科	吉贝属	落叶大乔木
29	大花金鸡菊	*Coreopsis grandiflora*	菊科	金鸡菊属	草本
30	大花萱草	*Hemerocallis hybridus*	阿福花科	萱草属	草本
31	大花栀子	*Gardenia jasminoides* var. *grandiflora*	茜草科	栀子属	常绿灌木
32	大花紫薇	*Lagerstroemia speciosa*	千屈菜科	紫薇属	落叶乔木
33	大叶榕	*Ficus virens*	桑科	榕属	常绿大乔木
34	辐叶鹅掌柴	*Schefflera actinophylla*	五加科	南鹅掌柴属	常绿乔木
35	大叶棕竹	*Rhapis excelsa* ‘Vastifolius’	棕榈科	棕竹属	常绿灌木
36	丹桂	*Osmanthus fragrans* var. *aurantiacus*	木犀科	木樨属	常绿乔木
37	德国鸢尾	*Iris germanica*	鸢尾科	鸢尾属	草本
38	灯芯草	*Juncus effusus*	灯芯草科	灯芯草属	草本
39	杜松	*Juniperus rigida*	柏科	刺柏属	常绿乔木
40	多裂棕竹	*Rhapis multifida*	棕榈科	棕竹属	常绿灌木
E					
41	鹅掌柴	*Heptapleurum heptaphyllum*	五加科	鹅掌柴属	常绿乔木或灌木
42	二乔玉兰	*Yulania × soulangeana*	木兰科	玉兰属	落叶乔木
43	番石榴	*Psidium guajava*	桃金娘科	番石榴属	落叶乔木
F					
44	非洲芙蓉	*Dombeya wallichii*	锦葵科	非洲芙蓉属	中型灌木或小乔木
45	粉黛乱子草	*Muhlenbergia capillaris*	禾本科	乱子草属	草本
46	粉花芦莉	*Ruellia rosea*	爵床科	芦莉草属	草本
47	粉美人蕉	*Canna glauca*	美人蕉科	美人蕉属	草本

续表

序号	植物名称	拉丁名	科	属	形态
48	芙蓉菊	*Crossostephium chinense*	菊科	芙蓉菊属	半灌木
49	佛甲草	*Sedum lineare*	景天科	景天属	草本
50	福建山樱花（钟花樱）	*Prunus campanulata*	蔷薇科	李属	落叶乔木
51	富贵蕨	*Blechnum orientale*	乌毛蕨科	乌毛蕨属	草本
52	富贵榕	*Ficus elastica* ‘Schryver iana’	桑科	榕属	常绿乔木
G					
53	柑橘	*Citrus reticulata*	芸香科	柑橘属	小乔木
54	刚竹	*Phyllostachys sulphurea* var. *viridis*	禾本科	刚竹属	乔木或状竹类
55	高山榕	*Ficus altissima*	桑科	榕属	常绿大乔木
56	宫粉羊蹄甲	*Bauhinia variegata*	苏木科	羊蹄甲属	半落叶乔木
57	狗牙花	*Tabernaemontana divaricata*	夹竹桃科	山辣椒属	半灌木
58	构骨	*Ilex cornuta*	冬青科	冬青属	常绿灌木
59	龟背竹	*Monstera deliciosa*	天南星科	龟背竹属	藤状灌木
60	龟甲冬青	*Ilex crenata*	冬青科	冬青属	常绿灌木
H					
61	海杧果	*Cerbera manghas*	夹竹桃科	海杧果属	常绿乔木
62	海棠花	*Malus spectabilis*	蔷薇科	苹果属	落叶至小乔木
63	海桐	*Pittosporum tobira*	海桐科	海桐属	常绿灌木或小乔木
64	海芋（滴水观音）	*Alocasia odora*	天南星科	海芋属	草本
65	含笑	*Michelia figo*	木兰科	含笑属	常绿灌木
66	旱伞草（风车草）	*Cyperus involucratus*	莎草科	莎草属	草本
67	合欢	*Albizia julibrissin*	豆科	合欢属	落叶乔木
68	荷花	*Nelumbo nucifera*	莲科	莲属	水生草本
69	鹤望兰	*Strelitzia reginae*	鹤望兰科	鹤望兰属	草本
70	黑藻	*Hydrilla verticillata*	水鳖科	黑藻属	水生草本
71	红背桂	*Excoecaria cochinchinensis*	大戟科	海漆属	常绿灌木

续表

序号	植物名称	拉丁名	科	属	形态
72	红边龙血树	*Dracaena marginata*	龙舌兰科	龙血树属	常绿灌木或乔木
73	红枫	*Acer palmatum* ‘Atropurpureum’	槭树科	槭属	落叶小乔木
74	红果冬青	*Ilex rubra*	冬青科	冬青属	常绿乔木
75	红花檵木	*Loropetalum chinense* var. *rubrum*	金缕梅科	檵木属	常绿灌木或小乔木
76	红花美人蕉	*Canna coccinea*	美人蕉科	美人蕉属	草本
77	红花山桃草	*Gaura lindheimeri* ‘Siskiyou Pink’	柳叶菜科	山桃草属	草本
78	红花玉蕊	*Barringtonia acutangula*	玉蕊科	玉蕊属	常绿乔木
79	红鸡蛋花	*Plumeria rubra*	夹竹桃科	鸡蛋花属	常绿乔木
80	红龙草（大叶红草）	*Alternanthera dentata* ‘Ruliginosa’	苋科	莲子草属	草本
81	红楼花（鸡冠爵床）	*Odontonema strictum*	爵床科	鸡冠爵床属	常绿灌木
82	红千层	*Callistemon rigidus*	桃金娘科	红千层属	常绿灌小乔木
83	红雀珊瑚	*Pedilanthus tithymaloides*	大戟科	红雀珊瑚属	常绿灌木
84	红绒球（朱缨花）	*Calliandra haematocephala*	含羞草科	朱缨花属	常绿灌木
85	红桑	*Acalypha wilkesiana*	大戟科	铁苋菜属	常绿灌木
86	红叶石楠	*Photinia × fraseri* ‘Red Robin’	蔷薇科	石楠属	常绿小乔木或灌木
87	忽地笑	*Lycoris aurea*	石蒜科	石蒜属	草本
88	狐尾天门冬	*Asparagus densiflorus* ‘Myersii’	天门冬科	天门冬属	草本
89	狐尾藻	*Myriophyllum verticillatum*	小二仙草科	狐尾藻属	多年生沉水草本
90	花叶鹅掌柴	*Schefflera octophylla* ‘Variegata’	五加科	鹅掌柴属	常绿灌木或小乔木
91	艳山姜	*Alpinia zerumbet*	姜科	山姜属	草本
92	花叶芦竹	*Arundo donax* var. *versiocolor*	禾本科	芦竹属	草本
93	花叶络石	*Trachelospermum jasminoides* ‘Flame’	夹竹桃科	络石属	常绿藤蔓
94	花叶芒	*Miscanthus sinensis* ‘Variegatus’	禾本科	芒属	草本
95	花叶榕	*Ficus microcarpa* ‘Variegata’	桑科	榕属	常绿灌木或小乔木
96	花叶十万错	*Asystasia nemorum*	爵床科	十万错属	草本

续表

序号	植物名称	拉丁名	科	属	形态
97	花叶印度榕	*Ficus elastica* var.*variegata*	桑科	榕属	常绿乔木
98	花叶棕竹	*Rhapis excelsa* 'Variegata'	棕榈科	棕竹属	常绿灌木
99	黄蝉	*Allamanda neriifolia*	夹竹桃科	黄蝉属	常绿灌木
100	黄菖蒲	*Iris pseudacorus*	鸢尾科	鸢尾属	草本
101	黄花风铃木	*Handroanthus chrysanthus*	紫葳科	风铃木属	落叶乔木
102	黄花槐（黄槐决明）	*Cassia surattensis*	豆科	决明属	乔木或亚灌木
103	黄花美人蕉	*Canna indica* var.*flava*	美人蕉科	美人蕉属	草本
104	黄花鸢尾	*Iris wilsonii*	鸢尾科	鸢尾属	草本
105	黄金榕	*Ficus microcarpa* 'Golden Leaves'	桑科	榕属	常绿小乔木
106	黄金香柳	*Melaleuca bracteata* 'Revolution Gold'	桃金娘科	白千层属	常绿乔木
107	黄槿	*Talipariti tiliaceum*	锦葵科	黄槿属	常绿乔木
108	黄山栾树	*Koelreuteria bipinnata* var. *integrifoliola*	无患子科	栾属	落叶乔木
109	黄钟花	*Tecoma stans*	紫葳科	黄钟花属	常绿灌木或小乔木
110	幌伞枫	*Heteropanax fragrans*	五加科	幌伞枫属	常绿乔木
111	灰莉（非洲茉莉）	*Fagraea ceilanica*	龙胆科	灰莉属	常绿灌木
112	火星花	*Crocosmia crocosmiflora*	鸢尾科	雄黄兰属	草本
113	火焰木	*Spathodea campanulata*	紫葳科	火焰树属	落叶大乔木
J					
114	鸡蛋花	*Plumeria rubra* 'Acutifolia'	夹竹桃科	鸡蛋花属	落叶小乔木
115	鸡冠刺桐	*Erythrina crista-galli*	豆科	刺桐属	落叶灌木或小乔木
116	鸡冠花	*celosia cristata*	苋科	青葙属	草本
117	鸡爪槭	*Acer palmatum*	无患子科	槭属	落叶小乔木
118	夹竹桃	*Nerium oleander*	夹竹桃科	夹竹桃属	常绿大灌木
119	假蒿	*Eupatorium capillifolium*	菊科	泽兰属	草本
120	假苹婆	*Sterculia lanceolata*	锦葵科	苹婆属	常绿大乔木
121	茭白	*Zizania latifolia*	禾本科	菰属	水生草本

续表

序号	植物名称	拉丁名	科	属	形态
122	角茎野牡丹	*Tibouchina granulosa*	野牡丹科	蒂牡花属	常绿灌木
123	结缕草	*Zoysia japonica*	禾本科	结缕草属	草本
124	金桂	*Osmanthus fragrans* var. *thunbergii*	木犀科	木犀属	常绿乔木
125	金鸡菊	*Coreopsis basalis*	菊科	金鸡菊属	草本
126	金森女贞	*Ligustrum japonicum* 'Howardii'	木犀科	女贞属	常绿灌木或小乔木
127	金叶假连翘	*Duranta erecta* 'Golden Leaves'	马鞭草科	假连翘属	常绿灌木
128	金叶石菖蒲	*Acorus gramineus* 'Ogan'	菖蒲科	菖蒲属	草本
129	金叶薯	*Ipomoea batatas*	茄科	茄属	草本
130	金叶水杉	*Metasequoia glyptostroboides* 'Gold Rush'	柏科	水杉属	落叶乔木
131	金叶苔草	*Carex oshimensis* 'Evergold'	莎草科	薹草属	草本
132	金银花	*Lonicera japonica*	忍冬科	忍冬属	常绿灌木
133	金鱼藻	*Ceratophyllum demersum*	金鱼藻科	金鱼藻属	水生草本
134	韭莲（风雨兰）	*Zephyranthes carinata*	石蒜科	葱莲属	草本
		K			
135	孔雀草	*Tagetes erecta*	菊科	万寿菊属	草本
136	苦草	*Vallisneria natans*	水鳖科	苦草属	水生草本
		L			
137	腊肠树	*Cassia fistula*	豆科	腊肠树属	落叶小乔木或中等乔木
138	蓝蝴蝶	*Rotheca myricoides*	唇形科	三对节属	常绿灌木
139	蓝花鼠尾草	*Salvia farinacea*	唇形科	鼠尾草属	草本
140	蓝花楹	*Jacaranda mimosifolia*	紫葳科	蓝花楹属	落叶乔木
141	蓝花鸢尾	*Iris tectorum*	鸢尾科	鸢尾属	草本
142	蓝金花	*Otacanthus azureus*	车前科	蓝金花属	草本
143	蓝雪花	*Ceratostigma plumbaginoides*	白花丹科	蓝雪花属	草本
144	蓝羊茅	*Festuca glauca*	禾本科	羊茅属	草本
145	蓝猪耳	*Torenia fournieri*	母草科	蝴蝶草属	草本

续表

序号	植物名称	拉丁名	科	属	形态
146	郎德木	*Rondeletia odorata*	茜草科	郎德木属	灌木
147	狼尾草	*Pennisetum alopecuroides*	禾本科	狼尾草属	草本
148	崂峪苔草	*Carex giraldiana*	莎草科	薹草属	草本
149	凌霄	*Campsis grandiflora*	紫葳科	凌霄属	常绿藤本
150	流苏相思	*Acacia fimbriata*	豆科	相思树属	常绿灌木至小乔木
151	柳叶榕	*Ficus celebensis*	桑科	榕属	常绿小乔木
152	六倍利	*Lobelia erinus*	桔梗科	半边莲属	草本
153	龙船花	*Ixora chinensis*	茜草科	龙船花属	灌木
154	龙舌草	*Ottelia alismoides*	水鳖科	水车前属	沉水草本
155	芦竹	*Arundo donax*	禾本科	芦竹属	多年草本
156	罗汉松	*Podocarpus macrophyllus*	罗汉松科	罗汉松属	常绿乔木
157	落羽杉	*Taxodium distichum*	柏科	落羽杉属	落叶乔木
158	绿宝	*Radermachera hainanensis*	紫葳科	菜豆树属	常绿乔木
		M			
159	麻楝	*Chukrasia tabularis*	楝科	麻楝属	常绿半落叶大乔木
160	马鞭草	*Verbena officinalis*	马鞭草科	马鞭草属	草本
161	马利筋	*Asclepias curassavica*	夹竹桃科	马利筋属	草本
162	马尾松	*Pinus massoniana*	松科	松属	常绿大乔木
163	马缨丹	*Lantana camara*	马鞭草科	马缨丹属	灌木
164	麦冬	*Ophiopogon japonicus*	天门冬科	沿阶草属	草本
165	芒草	*Miscanthus sinensis*	禾本科	芒属	草本
166	毛杜鹃	*Rhododendron × pulchrum*	杜鹃花科	杜鹃花属	半常绿灌木
167	梅	*Prunus mume*	蔷薇科	李属	落叶小乔木
168	美花红千层	*Callistemon citrinus*	桃金娘科	红千层属	常绿灌木
169	美人蕉	*Canna indica*	美人蕉科	美人蕉属	草本
170	米兰	*Aglaia odorata*	楝科	米仔兰属	常绿灌木或小乔木
171	面包树	*Artocarpus altilis*	桑科	波罗蜜属	落叶乔木

续表

序号	植物名称	拉丁名	科	属	形态
172	茉莉	*Jasminum sambac*	木犀科	素馨属	常绿灌木
173	墨西哥落羽杉	*Taxodium mucronatum*	柏科	落羽杉属	落叶乔木
174	木春菊	*Argyranthemum frutescens*	菊科	木茼蒿属	灌木
175	木芙蓉	*Hibiscus mutabilis*	锦葵科	木槿属	落叶灌木或小乔木
176	木槿	*Hibiscus syriacus*	锦葵科	木槿属	落叶灌木
177	木棉	*Bombax ceiba*	锦葵科	木棉属	落叶大乔木
178	木贼	*Equisetum hyemale*	木贼科	木贼属	草本
N					
179	南天竹	*Nandina domestica*	小檗科	南天竹属	常绿灌木
180	南洋杉	*Araucaria cunninghamii*	南洋杉科	南洋杉属	常绿乔木
181	南洋楹	*Albizia falcataria*	豆科	南洋楹属	常绿大乔木
O					
182	欧石竹	*Carthusian pink*	石竹科	石竹属	草本
P					
183	爬山虎（地锦）	*Parthenocissus tricuspidata*	葡萄科	地锦属	落叶藤本
184	炮仗花	*Pyrostegia venusta*	紫葳科	炮仗藤属	常绿藤本
185	佩兰	*Eupatorium fortunei*	菊科	泽兰属	草本
186	喷雪花	*Spiraea thunbergii*	蔷薇科	绣线菊属	常绿灌木
187	蟛蜞菊	*Sphagneticola calendulacea*	菊科	蟛蜞菊属	草本
188	苹婆	*Sterculia monosperma*	锦葵科	苹婆属	常绿大乔木
189	菩提榕	*Ficus religiosa*	桑科	榕属	常绿大乔木
190	蒲苇	*Cortaderia selloana*	禾本科	蒲苇属	草本
191	朴树	*Celtis sinensis*	大麻科	朴属	落叶乔木
192	铺地柏	*Juniperus procumbens*	柏科	刺柏属	常绿灌木
Q					
193	千屈菜	*Lythrum salicaria*	千屈菜科	千屈菜属	草本
194	琴叶榕	*Ficus pandurata*	桑科	榕属	常绿小灌木

续表

序号	植物名称	拉丁名	科	属	形态
195	琴叶珊瑚	*Jatropha integerrima*	大戟科	麻风树属	常绿灌木
196	青皮竹	*Bambusa textilis*	禾本科	簕竹属	竹类
197	青铁朱蕉	*Cordyline manners-suttoniae*	天门冬科	朱蕉属	常绿灌木
198	秋枫	*Bischofia javanica*	叶下珠科	秋枫属	常绿或半常绿大乔木
199	秋火焰（美国红枫品种）	*Acer rubrum* ‘Autumn Blaze’	槭树科	槭属	落叶大乔木
200	秋英（波斯菊）	*Cosmos bipinnatus*	菊科	秋英属	草本
		R			
201	榕树（小叶榕）	*Ficus microcarpa*	桑科	榕属	常绿大乔木
202	软枝黄蝉	*Allamanda cathartica*	夹竹桃科	黄蝉属	常绿灌木
		S			
203	散尾葵	*Dypsis lutescens*	棕榈科	马岛椰属	丛生灌木或小乔木
204	桑树	*Morus alba*	桑科	桑属	落叶乔木
205	山茶	*Camellia japonica*	山茶科	山茶属	常绿灌木和小乔木
206	山菅兰	*Dianella ensifolia*	阿福花科	山菅兰属	草本
207	珊瑚刺桐	*Erythrina corallodendron*	豆科	刺桐属	小乔木或灌木
208	射干	*Belamcanda chinensis*	鸢尾科	射干属	草本
209	肾蕨	*Nephrolepis cordifolia*	肾蕨科	肾蕨属	草本
210	石菖蒲	*Acorus gramineus*	菖蒲科	菖蒲属	草本
211	石榴	*Punica granatum*	千屈菜科	石榴属	落叶灌木或小乔木
212	石蒜	*Lycoris radiata*	石蒜科	石蒜属	草本
213	石竹	*Dianthus chinensis*	石竹科	石竹属	草本
214	使君子	*Combretum indicum*	使君子科	风车子属	常绿藤本
215	鼠尾草	*Salvia japonica*	唇形科	鼠尾草属	草本
216	水葱	*Schoenoplectus tabernaemontani*	莎草科	水葱属	草本

续表

序号	植物名称	拉丁名	科	属	形态
217	水蒲桃	*Syzygium jambos*	桃金娘科	蒲桃属	常绿乔木
218	水杉	*Metasequoia glyptostroboides*	柏科	水杉属	落叶乔木
219	睡莲	*Nymphaea tetragona*	睡莲科	睡莲属	水生草本
220	四季桂	*Osmanthus fragrans* 'Semperflorens'	木犀科	木樨属	常绿小乔木
221	宿根福禄考	*Phlox paniculata*	花荵科	福禄考属	草本
222	梭鱼草	*Pontederia cordata*	雨久花科	梭鱼草属	水生草本
		T			
223	台湾栾树	*Koelreuteria elegans* subsp. *formosana*	无患子科	栾树属	落叶半落叶乔木
224	台湾相思	*Acacia confusa*	豆科	相思树属	常绿乔木
225	唐竹	*Sinobambusa tootsik*	禾本科	唐竹属	竹类
226	藤本月季	*Climbing Roses*	蔷薇科	蔷薇属	落叶藤本
227	天门冬	*Asparagus cochinchinensis*	天门冬科	天门冬属	草本
228	铁刀木	*Climbing Roses*	豆科	决明属	常绿乔木
229	铁冬青	*Ilex rotunda*	冬青科	冬青属	常绿乔木或灌木
230	铜钱草（野天胡荽）	*Hydrocotyle vulgaris*	五加科	天胡荽属	水生草本
		W			
231	乌桕	*Triadica sebifera*	大戟科	乌桕属	落叶乔木
232	无患子	*Sapindus saponaria*	无患子科	无患子属	落叶乔木
233	梧桐	*Firmiana simplex*	锦葵科	梧桐属	落叶乔木
234	五味子	*Schisandra chinensis*	五味子科	五味子属	藤本
		X			
235	西伯利亚鸢尾	*Nassella tenuissima*	侧针芓科	侧针芓属	草本
236	细茎针茅	*Stipa tenuissima*	禾本科	针茅属	草本
237	细叶芒	*Miscanthus sinensis* 'Gracillimus'	禾本科	芒属	草本
238	仙羽蔓绿绒	*Thaumatophyllum xanadu*	天南星科	鹅掌芋属	草本

续表

序号	植物名称	拉丁名	科	属	形态
239	香彩雀	*Angelonia angustifolia*	车前科	香彩雀属	草本
240	香蒲	*Typha orientalis*	香蒲科	香蒲属	水生草本
241	香橼	*Citrus medica*	芸香科	柑橘属	常绿乔木
242	香樟	*Camphora officinarum*	樟科	樟属	常绿乔木
243	小蜡	*Ligustrum sinense*	木犀科	女贞属	常绿灌木或小乔木
244	小兔子狼尾草	*Pennisetum alopecuroides* 'Little Bunny'	禾本科	狼尾草属	草本
245	小叶榄仁	*Terminalia neotaliala*	使君子科	榄仁属	常绿乔木
246	小叶紫薇	*Lagerstroemia parviflora*	千屈菜科	紫薇属	落叶灌木
247	小叶棕竹	*Rhapis humilis*	棕榈科	棕竹属	常绿灌木
248	悬铃花	*Malvaviscus arboreus*	锦葵科	悬铃花属	常绿灌木
249	雪茄花（细叶萼距花）	*Cuphea hyssopifolia*	千屈菜科	萼距花属	常绿亚灌木
250	薰衣草	*Lavandula angustifolia*	唇形科	薰衣草属	草本
		Y			
251	嫣红蔓（枪刀药）	*Hypoestes phyllostachya*	爵床科	枪刀药属	草本
252	眼子菜	*Potamogeton distinctus*	眼子菜科	眼子菜属	水生草本
253	燕麦草	*Arrhenatherum elatius*	禾本科	燕麦草属	草本
254	羊蹄甲	*Bauhinia purpurea*	豆科	羊蹄甲属	常绿或半落叶乔木
255	杨梅	*Morella rubra*	杨梅科	杨梅属	常绿乔木
256	洋金凤	*Caesalpinia pulcherrima*	豆科	小凤花属	灌木状或小乔木
257	洋蒲桃（莲雾）	*Syzygium samarangense*	桃金娘科	蒲桃属	常绿乔木
258	红花羊蹄甲	*Bauhinia × blakeana*	豆科	羊蹄甲属	常绿乔木
259	野牡丹	*Melastoma malabathricum*	野牡丹科	野牡丹属	常绿灌木
260	野鸦椿	*Euscaphis japonica*	省沽油科	野鸦椿属	落叶小乔木或灌木
261	叶子花（三角梅）	*Bougainvillea spectabilis*	紫茉莉科	叶子花属	藤状灌木

续表

序号	植物名称	拉丁名	科	属	形态
262	一串红	*Salvia splendens*	唇形科	鼠尾草属	草本
263	一品红	*Euphorbia pulcherrima*	大戟科	大戟属	常绿灌木
264	银边草	*Arrhenatherum elatius* f. *variegatum*	禾本科	燕麦草属	草本
265	银边芒	*Miscanthus sinensis* var. *variegatus*	禾本科	芒属	草本
266	银边山菅兰	*Dianella tasmanica*‘*Variegata*’	阿福花科	山菅兰属	草本
267	银桦	*Grevillea robusta*	山龙眼科	银桦属	常绿乔木
268	银姬小蜡	*Ligustrum sinense*‘Variegatum’	木犀科	女贞属	常绿灌木或小乔木
269	银杏	*Ginkgo biloba*	银杏科	银杏属	落叶大乔木
270	银叶金合欢	*Acacia podalyriifolia*	豆科	相思树属	常绿灌木或小乔木
271	银叶菊	*Jacobaea maritima*	菊科	疆千里光属	草本
272	迎春花	*Jasminum nudiflorum*	木犀科	素馨属	落叶灌木
273	榆树	*Ulmus pumila*	榆科	榆属	落叶乔木
274	羽绒狼尾草	*Pennisetum villosum*	禾本科	蒺藜草属	草本
275	雨久花	*Pontederia korsakowii*	雨久花科	雨久花属	水生草本
276	玉蝉花（花菖蒲）	*Iris ensata*	鸢尾科	鸢尾属	草本
277	玉龙草	*Ophiopogon japonicus*‘Nanus’	天门冬科	沿阶草属	草本
278	玉蕊	*Barringtonia racemosa*	玉蕊科	玉蕊属	常绿乔木
279	鸢尾	*Iris tectorum*	鸢尾科	鸢尾属	草本
280	鸳鸯茉莉	*Brunfelsia brasiliensis*	茄科	鸳鸯茉莉属	常绿灌木
281	月季	*Rosa chinensis*	蔷薇科	蔷薇属	常绿、半常绿灌木
282	云南黄素馨	*Jasminum mesnyi*	木犀科	素馨属	常绿灌木
		Z			
283	再力花	*Thalia dealbata*	竹芋科	水竹芋属	水生草本
284	枣树	*Ziziphus jujuba*	鼠李科	枣属	落叶乔木
285	泽泻	*Alisma plantago-aquatica*	泽泻科	泽泻属	水生草本
286	长春花	*Catharanthus roseus*	夹竹桃科	长春花属	常绿亚灌木

续表

序号	植物名称	拉丁名	科	属	形态
287	栀子花	*Gardenia jasminoides*	茜草科	栀子属	常绿灌木
288	蜘蛛兰（水鬼蕉）	*Hymenocallis littoralis*	石蒜科	水鬼蕉属	草本
289	纸莎草	*Cyperus papyrus*	莎草科	莎草属	水生草本
290	朱槿（扶桑）	*Hibiscus rosa-sinensis*	锦葵科	木槿属	常绿灌木
291	诸葛菜（二月兰）	*Orychophragmus violaceus*	十字花科	诸葛菜属	草本
292	紫蝉花	*Allamanda blanchetii*	夹竹桃科	黄蝉属	常绿蔓性灌木
293	紫花风铃木	*Handroanthus impetiginosus*	紫葳科	风铃木属	落叶乔木
294	紫娇花	*Tulbaghia violacea*	石蒜科	紫娇花属	草本
295	紫穗狼尾草	*Pennisetum orientale*‘*purple*’	禾本科	狼尾草属	草本
296	紫藤	*Wisteria sinensis*	豆科	紫藤属	落叶藤本
297	紫薇	*Lagerstroemia indica*	千屈菜科	紫薇属	落叶灌木或小乔木
298	紫叶李	*Prunus cerasifera*‘Atropurpurea’	蔷薇科	李属	落叶小乔木
299	紫叶马蓝	*Strobilanthes anisophyllus*‘Brunellhy’	爵床科	马蓝属	灌木
300	紫叶美人蕉	*Canna warscewiezii*	美人蕉科	美人蕉属	草本
301	紫叶薯	*Ipomoea batatas*‘*Black Heart*’	旋花科	番薯属	多年生蔓生草本
302	紫玉兰	*Yulania liliiflora*	木兰科	木兰属	落叶乔木
303	紫云杜鹃	*Pseuderanthemum laxiflorum*	爵床科	山壳骨属	常绿灌木
304	棕竹	*Rhapis excelsa*	棕榈科	棕竹属	常绿灌木

参考文献

[1] 施奠东. 园林从传统走向未来——兼论杭州花港观鱼和太子湾公园的园林艺术[C]//《中国公园》编辑部. 中国公园协会2000年论文集.《中国公园》编辑部, 2000.
[2] 吴承照, 吴志强, 张尚武, 等. 公园城市的公园形态类型与规划特征[J]. 城乡规划, 2019(1).
[3] 刘滨谊. 公园城市研究与建设方法论[J]. 中国园林, 2018(10).
[4] 吴岩, 王忠杰, 束晨阳, 等. "公园城市"的理念内涵和实践路径研究[J]. 中国园林, 2018(10).
[5] 杨锐. 风景园林学科建设中的9个关键问题[J]. 中国园林, 2017(1).
[6] UN Department of Economic and Social Affairs. 2018 Revision of World Urbanization Prospects[EB/OL]. [2021-09-01]. https://population.un.org/wup/.
[7] 李倞, 徐析. 以发展过程为主导的大型公园适应性生态设计策略研究[J]. 中国园林, 2015(4).
[8] 吴良镛. 寻找失去的东方城市设计传统——从一幅古地图所展示的中国城市设计艺术谈起[J]. 建筑史论文集, 2000, 12(1).
[9] 汪菊渊. 中国古代园林史[M]. 北京: 中国建筑工业出版社, 2006.
[10] 杨锐. 论风景园林学的现代性与中国性[J]. 中国园林, 2018, 34(1).
[11] 施奠东. 在中国风景园林的延长线上砥砺前进[J]. 中国园林, 2018, 34(1).
[12] 张岱年. 中国哲学中"天人合一"思想的剖析[J]. 北京大学学报(哲学社会科学版), 1985(1).
[13] 金学智. 园冶多维探析[M]. 北京: 中国建筑工业出版社, 2015.
[14] 吴良镛. "山水城市"与21世纪中国城市发展纵横谈——为山水城市讨论会写[J]. 建筑学报, 1993(6).
[15] 孟兆祯. 园衍[M]. 北京: 中国建筑工业出版社, 2015.
[16] 胡洁, 吴宜夏, 吕璐珊. 北京奥林匹克森林公园山形水系的营造[J]. 风景园林, 2006(3).
[17] 陈云文. 中国风景园林传统水景理法研究[D]. 北京: 北京林业大学, 2014.
[18] 杨舒媛, 王军, 张晓昕, 等. 高标准规划"水城共融"的城市副中心的探索[J]. 城市规划, 2020, 44(1).

[19] 福建省水利厅，福建省财政厅. 关于开展万里安全生态水系建设的实施意见[EB/OL]. 2015.

[20] 安树青. 生态学词典 [M]. 哈尔滨：东北林业大学出版社，1994.

[21] 吴志强. 公园城市：中国未来城市发展的必然选择 [N]. 四川日报，2020-09-28 (010) .

[22] 中共成都市委. 中共成都市委关于深入贯彻落实习近平总书记来川视察重要指示精神加快建设美丽宜居公园城市的决定 [Z]. 2018.

[23] 王澍，陆文宇. 循环建造的诗意——建造一个与自然相似的世界 [J]. 时代建筑，2012 (2) .

[24] 郭巍，侯晓蕾. 双城、三山和河网——福州山水形势与传统城市结构分析 [J] . 风景园林，2017 (5) .

[25] 邹锦，颜文涛. 存量背景下公园城市实践路径探索——公园化转型与网络化建构 [J]. 规划师，2020，36 (15) .

[26] 李树华，姚亚男，刘畅，等. 绿地之于人体健康的功效与机理——绿色医学的提案 [J]. 中国园林，2019，35 (6) .

[27] 沈悦，齐藤庸平. 日本公共绿地防灾的启示 [J]. 中国园林，2007 (7) .

[28] 赵纪军，何梦瑶，宋霖. 公地・自然・遗产：梁思成的“公园”理念研究 [J]. 中国园林，2023，39 (1) .

后记

福州自古以来，就是一座典型的山水城市，“城在山中，山在城中”“一江穿廓，百川入城”。城市融于自然山水之间，山水不仅是城市格局和风貌的重要骨架，也成为两千年有福之州的重要生态基底。作为当代公园城市理念的在地化探索，福州晋安公园实践以“城园同构、蓝绿交织”八字为引领，将公园和山水紧密结合，作为城市生态格局的结构性绿地和生态基础设施、开放空间体系的重要核心以及城市片区发展的触媒，实现了公园、山水与城市的多层次、多维度融合发展。“城园同构、蓝绿交织”这一模式不仅是城市物质空间环境营造的尝试与探索，也是城市建设理念与方法的一些转变。

从理念到落地的过程中，晋安公园项目作出了诸多有益探索。首先，在规划过程中，突破了常规自上而下单向性、多专业“各自为政”的规划设计程序，由风景园林专业牵头，对区域水系、用地布局、山水格局、道路交通等进行了系统性的规划调整，规划、水利、市政、交通等专业同步跟进研究和论证，以风景园林的视角主动介入了城市未来的发展。其次，作为城市中的大型综合公园，晋安公园必定是多目标导向、多领域合作的综合体，需融合多学科的理论、方法与技术创新以应对这一挑战。在设计过程中，该项目强化了风景园林学科与交叉学科的协同合作，如结合岩土工程学科研究确立山体重构方案，结合水文水环境学科设计河流湖体的生态水系以及海绵设施方案，结合生态学理论进行多样的生境营造等，探索了风景园林设计科学与艺术结合的实践途径。

正是由于本项目高度的复合型和综合性，社会各界有很强的呼声，希望我们能系统地梳理和总结晋安公园的经验。为此，我们组织一线设计师，收集、整理、分析、归纳第一手的资料撰写成书。本书的具体分工如下：王文奎负责本书的总体把控，制定提纲，负责前言、后记撰写，负责全书各个章节与本项目各专业设计师的共同撰写，以及最后全稿的审阅和修订。其中，第一章由王曲荷和林兆楼参与撰写；第二章由高屹、巫小彬、陈慧玲参与撰写；第三章由马奕芳和高屹参与撰写；第四章由郑俊清参与撰写；第五章由蔡辉艺、夏继勇、高屹、郑俊清和李乐闽参与撰写；第六章由廖晶毅和马奕芳参与撰写；第七章由高屹和方晨参与撰写；第八章由王曲荷和马奕芳参与撰写。林诗琪、邱小平负责了图片绘制、文稿整理和编排工作。石磊磊、陈鹤、林淑琴、王煜阳等以及福州市晋安区园林中心为本书多处案例提供照片。

晋安公园的规划实施是在市委、市政府的科学决策和领导下完成的。要感谢各职能部门的指导和帮助，要感谢业主单位福州城乡建总集团有限公司的大力支持！感谢福州市规划设计研究院集团各个专业所室、合作伙伴福建省水利水电勘测设计研究院、新加坡CPG公司，以及福建省榕圣建设发展有限公司、河北建设集团生态环境有限公司、宏润建设集团股份有限公司、核工业井巷建设集团等单位的共同努力！感谢在书稿撰写过程中，给予大力支持的领导、专家和热心市民！特别要感谢福建省住建厅陈仲光博士、中国建筑出版传媒有限公司李东禧首席策划和唐旭主任，没有他们的鼓励和支持，本书很难顺利完成。因晋安公园跨越时间较长，边界条件也非常复杂，涉及专业领域较多，且著者时间和能力所限，不揣浅陋，抛砖引玉，不足之处期待得到大家的批评指正。